環境学

―――― 歴史・技術・マネジメント ――――

博士(学術)／理学博士
井上尚之

関西学院大学出版会

環境学

歴史・技術・マネジメント

はじめに

　21世紀は環境の世紀といわれる。ここに環境を学ぶ者に一つのカリキュラムを提供する。1番目は、環境問題と環境保護の歴史的展開である。2番目は、再生可能エネルギーを中心とする新エネルギーの環境技術である。そして3番目は、組織における環境マネジメントである。

　第1部では、環境問題がどのように生じてきたか？　そしてその解決のために人類は何をしてきたかを古代ギリシャまで遡って解説する。ローマの環境破壊、イスラムの環境破壊、中世ヨーロッパの環境破壊、イギリスの環境破壊と環境保護、アメリカの環境破壊と環境保護、またアメリカの環境保護のキーパソンとしてエレン・リチャーズ、レイチェル・カーソン、ラルフ・ネーダーを取り上げる。さらに日本の環境汚染と環境保護の歴史を学ぶ。最後に地球温暖化問題を取り上げ、持続可能な発展には何が必要であるかを闡明する。

　第2部では、再生可能エネルギーともいわれる自然エネルギーについて学習する。現代の最大の課題である地球温暖化問題の元凶であるCO_2を排出する化石燃料である石油はあと41.6年で枯渇、天然ガスは60.3年で枯渇、石炭は133年で枯渇、原子力発電の原料であるウランは100年で枯渇する。これらに代わる再生可能エネルギーはCO_2を排出せず、永久に使用できる歴史的には必須のエネルギーである。この再生可能エネルギーのうち、コストが高いためその普及に支援を必要とするものが新エネルギーである。我が国の「新エネルギー利用等の促進に関する特別措置法（略称：新エネ法）」では、「技術的に実用段階に達しつつあるが、経済性の面での制約から普及が十分でないもので、石油代替エネルギーの導入を図るために必要なもの」と新エネルギーは定義され、10種類が指定されている。太陽光発電、風力発電、バイオマス熱利用、中小規模水力発電、地熱発電、太陽熱利用、バイオマス発電、雪氷熱利用、温度差熱利用、バイオマス燃料製造の10種類である。第2部ではこの10種類の新エネルギーを詳解する。特に太陽光発電、太陽熱発電、風力発電等は技術立国日本の独壇場と誤解している読者がいるかもしれない。しかしこの分野は欧米のみならず中国・韓国が日本以上の技

術と販売力を持ち、今や世界中で大競争を繰り広げ、日本企業の苦戦が続いている。これらの新エネルギーの実態を知ることは資源のない我が国民にとっては欠かせないのである。

　第3部では、企業、大学等の組織では必須の環境マネジメントシステムISO14001について学習する。組織の環境保全の切り札として1996年に発行したこの国際環境マネジメント規格は、審査機関による審査を受けて組織が認証取得する必要がある。既に世界で20万組織以上が認証取得している。かつては日本が世界1の認証取得数であったが、今や中国のISO14001認証取得数が4万組織を突破し、世界1を誇っている。認証取得数順に国名を挙げると、中国、日本、スペイン、イタリア、英国、韓国、ドイツ、アメリカ、スウェーデン、……となる。日本でも約4万組織弱がISO14001を認証取得している。2010年に神戸山手大学で兵庫県内の企業約1000社にアンケートしたところ、その約1/5がISO14001を認証取得していた。このようにもはや世界の常識となっているISO14001の内容を知ることは環境保全を重視する日本国民の責務となりつつある。本書ではこの規格を詳細に解説し、実際にISO14001を認証取得している大学の環境マニュアルとそれに付随する様式を紹介する。

　環境学と言えば非常に範囲が広いが、現在の企業が大学生に求める、トリプルボトムライン、つまり①環境破壊と環境保護の歴史、②環境技術、③環境マネジメントを分かりやすく具現化したのが本書である。諸君が本書によって環境学の初歩を習得されることを期待する。

　第3部で「環境方針」の転載を認めて下さった神戸山手学園理事長芦尾長司先生に御礼申し上げます。また応援いただいた神戸山手大学学長山本賢治先生、神戸山手学園法人本部長玉井繁先生に感謝いたします。

　　　2010年10月

　　　　　　　　　　　　　　博士（学術）理学博士　井上　尚之

目次

はじめに 3

第1部　環境問題と環境保全の歴史　9

第1章　ギリシャの環境破壊 ………………………………… 10
　第1節　ギリシャの森林破壊　10
　第2節　ギリシャの都市問題　11

第2章　ローマの環境破壊 …………………………………… 14
　第1節　ローマの森林破壊　14
　第2節　ローマの都市問題　15
　第3節　ローマの鉛汚染　15

第3章　イスラムの環境破壊 ………………………………… 18
　第1節　イスラムの環境破壊——塩類集積　18

第4章　中世ヨーロッパの環境破壊 ………………………… 20
　第1節　中世ヨーロッパの森林破壊　20
　第2節　環境破壊とペスト大流行　21

第5章　イギリスの環境破壊と環境保護 …………………… 24
　第1節　森の消失と石炭による大気汚染　24
　第2節　フミフギウム——世界初の公害摘発本　25
　第3節　二重体児出現　27
　第4節　HClによる酸性雨汚染　29
　第5節　ロンドンスモッグ　30
　第6節　日英比較——四日市喘息　33
　第7節　まとめ　34

第 6 章　アメリカの環境破壊と環境保護 ……………………36

第 1 節　シエラ・クラブ、全米オーデュボン協会設立　36
第 2 節　保存（preservation）と保全（conservation）　39
第 3 節　ヘッチ・ヘッチィ論争　39
第 4 節　原生自然法　40
第 5 節　『潮風の下で』『われらをめぐる海』——レイチェル・カーソンの登場　41
第 6 節　アメリカ社会の二重性　44
第 7 節　国家環境政策法（NEPA）の制定と環境保護局（EPA）設置　45
第 8 節　環境 NGO がアメリカの環境保護を支える　46
第 9 節　まとめ　47

第 7 章　アメリカ環境保護のキーパーソン ……………………50

第 1 節　エレン・リチャーズ　50
第 2 節　レイチェル・カーソン　51
第 3 節　ラルフ・ネーダー　53
　1　ラルフ・ネーダーとは
　2　ラルフ・ネーダーの生い立ち——揺籃期
　3　GM 告発から消費者運動、反公害運動の旗手へ
　4　ネーダー出現の時代背景
　5　環境問題の台頭—— 1960 年代後半
　6　ネーダーと新しい消費者運動
　7　ネーダーが日本に与えた影響
　8　保守革命のレーガン政権下におけるネーダーの活躍
　9　アメリカ環境保護政策におけるネーダーの位置づけ
　10　まとめ

第 8 章　日本の環境汚染と環境保護の歴史 ……………………76

第 1 節　鉱山による環境汚染　76
第 2 節　都市における大気汚染　77
第 3 節　4 大公害裁判事件　78
第 4 節　公害対策基本法と環境庁設置　80
第 5 節　環境基本法と循環型社会形成推進基本法の成立　82
　1　環境基本法
　2　循環型社会形成推進基本法

目 次

第9章 持続可能な発展に向けて …………………………… 85

第1節 国際的な環境保護の歴史　85
第2節 1992年　地球サミット　86
第3節 気候変動枠組み条約COP3──京都会議　88
第4節 ポスト京都議定書　90
第5節 地球温暖化のメカニズム　92
第6節 日本における地球温暖化対策　96

第2部　環境技術　101

第1章 クリーンエネルギーをめぐる世界と日本の現状…… 102

第1節 クリーンエネルギーをめぐる世界の現状　102
第2節 再生可能エネルギーと新エネルギー　104
第3節 2030年に向けた目標　105

第2章 日本の新エネルギー ……………………………… 108

第1節 新エネルギー──太陽光発電　108
第2節 新エネルギー──風力発電　113
第3節 新エネルギー──バイオマス熱利用・バイオマス発電・バイオマス燃料製造　119
第4節 新エネルギー──中小規模水力発電　126
第5節 新エネルギー──太陽熱利用　130
第6節 新エネルギー──地熱発電　134
第7節 新エネルギー──温度差熱利用　135
第8節 新エネルギー──雪氷熱利用　138
第9節 革新的な高度利用技術　140

第3部　環境マネジメントシステム ISO14001　147

第1章 ISO14001とは何か ………………………………… 148

第1節 ISO14001の歴史　148
第2節 ISO14001の構成　150
第3節 ISO14001の認証登録　152
第4節 ISO14001ブーム　153

7

第2章　ISO14001の規格解釈 …………………………… 155

第1節　ISO14001の用語と定義　155
第2節　ISO14001の要求事項　157
第3節　様式集　213

第3章　大学におけるISO14001の認証取得の現状と課題…… 214

第1節　大学のエネルギー削減ツールとしてのISO14001　214
第2節　大学のISO14001認証取得の現状　214
第3節　まとめ　220

【様式集】　222

第1部 環境問題と環境保全の歴史

第1章

ギリシャの環境破壊

第1節　ギリシャの森林破壊

　ギリシャを旅行したとき、誰もが気づくのが自然の荒廃である。ソクラテスやプラトンの時代は森で囲まれていたことが、かれらの著作によってうかがえる。しかし現在のギリシャは、森はなく山は禿げ山で草さえ生えていない状態である。
　このような環境破壊がいかにして起こったのかをこの節では考えていく。
　ギリシャにおける農業の開始は、自然環境の破壊の開始であった。人々は、農地を開拓するために森林を伐採して畑を作るからである。さらに、オリーブ、ブドウ、イチジクなどの果樹栽培のためにも森林は破壊されていった。さらに、燃料や建材として利用するために多量の木が切られた。これらの破壊は低地から高地へと進み、肥沃で柔らかだった耕地は雨水とともに流出していった。
　さらにギリシャは土地が険しく、耕作が可能な土地は全土の1/5しかないので、かなりの土地は、羊や山羊の放牧に利用されていた。これらの動物は、ミルク、食肉、皮革、衣料の原料を提供したのであった。
　しかし、羊は草や若木を根まで掘り起こして食べ、山羊は木や草の芽や葉を食べた。したがって、羊と山羊が放牧された所では、山の斜面の緑が壊滅し、露出した土壌は浸食にゆだねられるだけであった。
　プラトンはその著書『クリティアス』の中で次のように述べている。

　肥沃で柔らかな土壌はことごとく流出し、やせ衰えた土地だけが残されたのである。……今日、石の荒野と呼ばれているところには肥沃な土壌に満ちた平野が広がっていたし、山々には木々の豊かに茂る森があった。

ペルシャ戦争（前500～前449）で勝利したギリシャは空前の繁栄期を迎えた。アテネやスパルタの人口は急増した。パルテノンをはじめとする巨大神殿や建造物が各地に造られた。その一方で神殿の建築材や土木材が必要とされ、大量の森林が伐採され破壊された。さらに、ギリシャでは、商業が盛んでもあったので商船を造るため、また軍艦の建造のためにも大量の森林が切り倒された。人口の増加による薪や建築材にも木材が必要であった。
　このような森林の急速な破壊は単なる木材資源の喪失だけではなく、連鎖的に深刻な環境破壊を起こすことになる。
　第1に森林の破壊による保水能力の喪失で生じる水害の頻出である。地中海沿岸は年間降水量は少ないが、雨は集中的に降る。森がないので水は吸収されず激流となって水害を起こす。
　第2に土壌の急速な喪失である。保水能力の喪失によって生じた激流は激しく土壌を流し去る。
　第3に水源の喪失があげられる。森がなくなれば、森の保水力によって存在していた水源も同時になくなることになる。したがって、湖や川も消失していくことになり、結果的に飲料水の確保が困難になる。
　第4に森の喪失による気候の変動が推定される。森が消滅することによって、森からの蒸散がなくなり、雲が生成しにくくなり降雨量が減少し乾燥化が進んだと推測される。その結果として平均気温が上昇したことも推定される。
　第5にマラリアの蔓延である。ギリシャでは、ペルシャ戦争の後、マラリアの脅威にさらされた。森林破壊が土地浸食を引き起こし、湖沼や内湾の泥の堆積が進行して、湿地に変わった。この湿地がマラリアを媒介する蚊の生息地になったのである。さらに前記の温度上昇も蚊の生育を助けた。マラリアはギリシャ全土で猛威を振るった。

第2節　ギリシャの都市問題

　アテネの人口は約20-30万人、奴隷はその約1/3程度であったと推定されている。このような巨大な人口が狭い地域に居住したのであるから、衛生的に極めて劣悪な状態が生じやすかったと考えられる。ひとたび伝染病が流

行すると、多人数の死者が出た。ペロポネソス戦争（前431〜前404）の最中の紀元前430年、ペスト（天然痘と言う説もある）がアテネを襲った。トゥキディデス（前460頃〜前400頃）の『歴史』はこの疫病禍を次のように伝えている。

> この災禍に対しては人智をもってしてはいかんともなしえなかった。普通ならば、死体をついばむ鳥や獣さえも、多数の死体が葬られずに横たわっていたにも関わらず、近づこうともしなかった。

アテネの指導者であったペリクレスもこの疫病で亡くなり、アテネは大混乱に陥った。ペロポネソス戦争で、アテネがスパルタに敗れたのは、この疫病が大きな要因を占めている。

ギリシャの技術の節で述べたように、ギリシャの都市は清潔な水を供給するために覆いをした石のブロック製の水路という形で水道を引いていた。下水道については一部造られていたが、完全に行き渡っていたわけではなく、家と家の間の路地には汚物が大量に溜まっていたと言われている。人口の増大につれて、不衛生な状態も増大したと考えられる。

最初の科学的医師ヒポクラテスは、病気に罹らないためには、環境を良くすることを主張したが、その背景には、人口増に伴うギリシャの都市の衛生状態の悪化が存在しているのである。

紀元前338年に北方の新興国マケドニアの王フィリッポス2世（アレクサンドロス大王の父）にアテネ・テーベの連合軍がカイロネイアの戦いに敗れ、ギリシャはマケドニアの支配を受けるようになる。これはギリシャがペルシャ戦争に勝利してから150年後のことである。

ギリシャのポリス社会が衰退した原因は、次のように言われる。多くのポリスで農地が荒れ果て、下層市民が貧窮し、ポリス内部の抗争から多くの亡命者を生んだ。亡命者や離農者は傭兵となり、市民が同時に戦士としてポリスを守るという伝統は廃れ、戦意は喪失され、ポリス社会は内部から崩れた。

農地が荒れ果てた理由として、ポリス間の戦争で農地が戦場になったこともあるが第1節で述べた、森林伐採による保水力低下に伴う肥沃土壌の流出が大きなウエイトを占めていることを認識しておく必要がある。

現在のギリシャの山や丘が、土壌流出によって岩が露出し、禿げ山になって不毛の土地になっているのは、以上のような理由によるのである。

第2章

ローマの環境破壊

第1節　ローマの森林破壊

　ローマにおいては、二圃式農業（圃とは、耕地を意味する。1年おきに休耕して、休耕した土地の雑草が肥料となり土地が疲弊するのを防ぐ農業）と果樹栽培と牧畜の三つを主とした生産活動が行われ、森林が伐採されていった。ローマ人の記録によればローマ市内近郊のテベレ川の洪水は紀元前3世紀に増加する。さらにローマ近郊の土壌浸食は紀元前2世紀に急速に進む。いずれも、森林伐採による保水力低下に基づくものである。そして、この土壌浸食は、作物の不作を招くとともに、大量の低湿地を作り、マラリアの発生を招いた。

　ローマの財政的基盤はスペインのバスク地方、カルタヘナ地方の鉱山から採掘される金や銀にあった。鉱石の製錬には燃料として木材が使われた。そのために大規模な森林破壊が行われた。その結果、木材が不足し金や銀の生産高は減少し、ローマは財政的な困難に陥った。また、鉄、銅、錫、鉛、アンチモン、砒素なども採掘され、その製錬にも多くの木材が燃やされた。鉄は鉄製の道具、銅と錫は混ぜられ青銅として装飾器具などに使われた。アンチモンは青銅の錫の代わりに利用された。またローマでは、錫と鉛の合金であるはんだが金属の接着にすでに利用され、砒素は顔料、薬剤成分、毒薬として使われた。アンチモンと砒素は錬金術の原料としても利用された。製錬のときに排出された有毒ガスは、さらに木を枯らし、廃液は川を汚し、灌漑用水が汚染された。

第2節　ローマの都市問題

　ローマ市における人口の過密は、ギリシャを大きく凌いでいた。紀元前2世紀には人口は110万人に達し、1km^{2}当たり8万人にもなり、現在の大都市に匹敵するものであった。この巨大な人口を収容するために家は立て込み、高層化した。6階建て以上にも達したと言う。これらの建物の多くは小部屋に仕切られ賃貸された。こうした家屋の各部屋では、火鉢によって炊事や暖房がなされたので、その煙害は壮絶を極めた。ローマの哲人セネカに至っては、ローマの市街から吹く風は嫌な臭いがすると述べているほどである。家屋の自然崩壊や火事などの災害もしばしば起こった。
　ローマでは下水道網が造られ、汚物が流された。水道の余剰水がこのために使われた。また広大な公衆浴場と共に公共便所も造られ、下水はローマ市内のテベレ川に流された。川が洪水のときは、汚水が逆流して市内はたびたび汚染された。下水道はネズミや病原菌の巣窟であり、ローマはたびたびペストなどの伝染病に襲われた。
　五賢帝最後のマルクス・アウレリウス・アントニヌス帝の紀元165年、ローマにペストが大流行し、人口の1/3から1/4が死亡したと言われている。さらに紀元251-66年においても、疫病がローマを襲い、多いときには1日に5000人もの人々が死亡した。
　このように、ローマにおける人口過密と不衛生状態は疫病の流行をもたらしたのである。

第3節　ローマの鉛汚染

　1965年にアメリカのギルフィラン（S. C. Gilfilan）は、ローマが滅んだ原因の一つが、鉛汚染であると発表し（"Lead Poisoning and the Fall of Rome", *Journal of Occupational Medicine* 7（1965））センセイションを巻き起こした。
　鉛は金や銀の製錬のときに副産物としても得られるので、当時は広く普及していた。融点が327℃と低いので、加工しやすくさまざまな生活用品に使

用された。銅や食物を入れる容器、さらに水道管にも使用された。

　ブドウシロップは蜂蜜とともに当時の重要な甘味料であり、ブドウ汁を液量が1/3になるまで煮詰めて作られた。煮詰めるときに使用されたのが、鉛製や鉛で内貼りされた青銅器の鍋であった。こげぬように絶えずかき混ぜたために、銅の表面の鉛がかきおとされてシロップに混入した。あるいはブドウの酸によって鉛がイオンになり（鉛のほうが水素よりもイオン化傾向が大きい）溶け出した。このようにしてできた鉛入りブドウシロップが、甘味料としてあるいは葡萄酒の風味を増すために多量に使用された。また、オリーブ、プラム、リンゴ、桃、ナシなどの果物がこの鉛入りのブドウシロップの中に入れて保存された。さらに葡萄酒の発酵が鉛製容器で行われたので、葡萄酒にはもとから鉛が混入していた。

　まさに、ローマ人は鉛づけの毎日を送っていたと言える。さらに悪いことに、水道管は鉛製であるので鉛が微量に溶け出していった（現在も水道管として鉛管が使用されている地域があるが、殺菌剤として塩素が用いられており、塩素が鉛管と結合して塩化鉛（Ⅱ）$PbCl_2$ が生成して鉛管の内壁を覆うので、鉛が溶け出す心配は少ない）。

　このようにして、ローマ市民は鉛中毒に侵されていった。鉛中毒は、便秘、腹痛、貧血、関節痛などを引き起こす。さらに進むと、末端神経の麻痺、頭痛、不眠、失明、精神錯乱が起こり、ついには発狂する。また、生殖作用を妨げる。流産、早産、不妊、また生まれたとしても早死にする。特にこれらの傾向は上層階級に多く見られたと言う。下層階級や奴隷はブドウシロップや葡萄酒をとることはできず、また、鍋類も安価な陶器製が用いられたからである。

　ギルフィランは、このような鉛中毒がローマ市民、特に支配階級を侵したことが、ローマ衰退の原因であると主張する。

　ローマ帝国の衰亡は、一般的に次のように言われる。ゲルマン民族の大移動に伴う侵入に対して国内のゲルマン人の傭兵を使い、その費用を都市の重税で賄ったことによる都市の商業や文化の衰微、ならびに、ゲルマン傭兵の権力の伸張。さらに、都市を去って地方に移った有力者の大所領が帝国の行政からしだいに独立したことによる国力の弱体化。

　しかし、ローマの国力の衰退の原因として今まで述べてきた、環境破壊や

環境汚染があることを見落としてはならない。つまり、
　①森林破壊で生じる土壌浸食による、農地の疲弊。
　②人口密集による不衛生によって生じる、ペストなどの疫病の大発生。
　③重金属である鉛による汚染。

　以上のように、環境破壊や環境汚染が、文明を破滅に導くという事実を決して忘れてはならない。ローマ帝国滅亡の過程は、環境破壊や環境汚染のまっただ中に生きる我々に大きな警鐘を鳴らしている。

第3章

イスラムの環境破壊

第1節 イスラムの環境破壊——塩類集積

イスラム世界の森林地帯は極めて限られたものであった。カスピ海南岸の森とシリア北部の森だけであった。イスラム世界の中心であるメソポタミア、アラビア、パレスチナ、エジプトなどにはまったく森がなかった。

砂糖製造、さらに金属加工、ガラスなどの工業用はもとより、灌漑施設、堰、ダムなどの建材用、貿易船の建造用などに多量の木材を必要とした。これらの需要にこたえるために、数少ない森が伐採され破壊された。しかし木材の不足を補うために、ヨーロッパやインドから大量の木材が輸入された。イスラムには、石炭の埋蔵がなく、石油はあったが使用法がわからなかったのである。そして森の破壊は、保水力の低下を招き、土壌の流失が起き、不毛の土地が生じた。

しかし一方で、イスラムの人々は灌漑に力を注いだので、不毛の土地を緑に変えたという功績もある。

ところが、気候の乾燥化が進む状態の下で灌漑を続けると、地下水位が上昇し、地面からの距離が10mより上昇してくると毛管現象によって地下水が地表に出て蒸発する。このとき、地中の塩類が地下水とともに地表に出て蓄積する。これを「塩類集積」といい、作物ができない不毛の土地に変わっていく。このような現象によって、放棄された土地も多かったと推定される。

たとえば、シリアのベルスと呼ばれる地方では現在では岩石と砂があるだけだが古代の住居遺跡が多く眠っている。かつては木材が豊富に使われていたことが遺跡から推定されている。またブドウやオリーブの液体を絞り出す圧搾機も発見されているのでここではこれらの果樹が栽培されていたことがわかる。しかし、作物がついにはできなくなり、この土地は放棄された。こ

れなどは「塩類集積」の例である。

　さらに悪いことには、これらの放棄された土地に遊牧を行うベドウィンが入り込み山羊などを飼育したことである。山羊は前にも述べたように、木の皮を食べ、草の芽さらに根までも食べ尽くし、その土地を完全に不毛の土地にしてしまうのである。

　もうひとつ、忘れてはならないのはその領地拡大政策である。東はインドのシンド地方まで、西方では北アフリカまで、さらにイベリア半島までを領土とした。ビザンツ帝国との戦いも長く続いた。したがって、多くの耕作地が戦場となり、荒らされた。またペルシャやエジプトにあった堰やダムも戦争で破壊され、これによっていくたびか洪水が発生した。これが、低地を沼沢に変えた。

　以上、イスラム世界での環境破壊は次のようにまとめられる。

(1)　工業用、灌漑用、商船用の建材需要の増加に伴う森林破壊と土壌流失。

(2)　乾燥化状態における長期の灌漑による塩類集積による土地の不毛化。

(3)　長期多地域にわたる侵略戦争による耕地荒廃と灌漑施設破壊による洪水とそれに基づく低地の沼沢化。

第4章

中世ヨーロッパの環境破壊

第1節　中世ヨーロッパの森林破壊

　12世紀の北西ヨーロッパは、大開墾時代と呼ばれる森の大開発が開始された時期である。その背景には数頭の馬で重質土質の土壌を開墾できる重輪犂（すき：刃板で土を切断した後、切り出された土をすりあげながらよじり、下層の上が地表に出るようにする器具で、この場合刃が重輪についていて、牛馬に引かせる）や水車、風車の改良などの技術革新があった。そして、二圃制に代わる三圃制が行われるようになった。

　三圃制とは、耕地を冬畑・夏畑・休耕地の三つに分け、3年に1度休耕地とする制度である。冬畑では、主食の小麦が作られ、夏畑では、家畜の飼料の大麦が作られた。休耕地は数回、犂で深く耕して、雑草や穀物の刈り株を土中にすきこんで、土を肥やすことができたので、収穫量が増大した。

　森の開墾の先頭を切ったのは、修道士たちであった。特にカトリックのベネディクト派のシトー会が有名である。11世紀には、クリュニー派の全盛であったが、シトー会はその華美な装飾と典礼、さまざまな聖務を批判して、修道院改革運動を展開した。つまり、清貧、隠遁、使徒の自覚をうたう厳しい共同生活組織が森林を開墾して広げていったのであった。12世紀末には、500の支院を作り、そのいずれもが森林開発と新型農法の中心となって活動したのである。そして、広大な農耕地、牧畜地、果樹園などを短期間に作り上げた。

　当時の修道院は、古代文明の保存者であるとともに、文化の中心としての技術革新の場所でもあり、水車、風車の利用の普及を促進させた。

　特筆すべきは、機械時計の発明がシトー会の修道院でなされたことである。修道院における「祈り、労働、学び」の日課の時間は、鐘を打って伝え

られていた。この時間を正確に知るために機械時計が開発された。この機械時計は、初め錘の落下による力で動いたが、後には、ゼンマイ仕掛けに変わっていく。

　修道院はまた製鉄所を持っていた。シトー会の製鉄所で有名なのはフランスのシャンパーニュ地方である。当時の、ヨーロッパの製鉄方法は、レン炉と呼ばれる小型炉に鉄鉱石と木炭を入れて燃焼させ、木炭に酸素をとらせて、銑鉄を得る方法であった。1tの鉄を得るのに、2tの木炭と燃焼用の木材が必要とされた。たとえば、木炭を作るための一つの炭焼き窯が、半径1kmの森を40日間で裸にしてしまったと言う。

　12世紀の半ばからゴシック様式の教会の建築が始まったが、それを飾るステンドグラス製造には、膨大な燃料が必要であった。1m^{2}のステンドグラスの製造には、100m^{2}の面積に繁る木材が必要であった。

　このように、12世紀には修道院を先導とする大森林破壊が行われた。

　また、この頃にはワイン醸造が盛んになり、樽作り用のオーク材が乱伐された。製塩業も多量の木材を燃料として使用した。中世では、食肉の保存、魚の保存に塩が多量に使用されるようになっていた。それに伴い、製塩業が隆盛して大量の森林伐採が行われた。さらに、ヨーロッパにおける人口増加による木材需要が、森林破壊に輪をかけた。

　さらに、製鉄における、高炉法や2段階法の開発は、度外れな木材を消費し、たちまち森を禿げ山に変えてしまった。イギリスでは、16世紀のエリザベス1世時代に特定区の森林の伐採禁止令を出さねばならない状況であった。イギリス製鉄業は、木材不足と高騰によって生産が減少していき、18世紀には、消費鉄の半分以上を、輸入で賄わなければならない状態となった。木材不足とその高騰は、木材に代わる燃料である石炭の大量使用を必然的に招くようになる。

第2節　環境破壊とペスト大流行

　1347年の終わりから、ヨーロッパではペストが大流行する。ペストは、別名黒死病と呼ばれるが、これは重症になって敗血症を来すと全身各所に暗紫色の斑点が現れ、皮膚が黒ずんで見えるのでこの名前が付けられた。

1347年にコンスタンティノープルを襲ったペストは、48年にはイタリア、フランスを襲い、さらに全ヨーロッパを恐怖のどん底にたたき込んだのである。

1347年から50年までの4年間のヨーロッパ全体のペストによる死亡者は、全人口の1/3と言われる、3500万人である。

イタリアのボッカッチョ（1313-75）は、その傑作『デカメロン』（1353）の中で、ペストに襲われたフィレンツエの惨状を次のように描写している。

夥しい数の死体が、どの寺院にも、日々、刻々、競争のように運び込まれましたものですから、墓地だけでは、埋葬しきれなくなって、非常に大きな壕を掘って、その中に一度に何百と新しく到着した死体を入れ、船の貨物のように幾段にも積み重ねて、一段ごとに僅かな土をその上からかぶせました。しまいには、壕もいっぱいに詰まってしまいました。概算して、3月からその年の7月までの間に10万の聖霊がフィレンツエの町の城壁内で失われたと、これだけ申せば、もはや付け足すことはありますまい。

いかにこのペスト禍が悲惨なものであったかがよくわかる。

ペスト菌は、もともと森に住むネズミであるクマネズミなどの齧歯類が保有しており、これらのクマネズミに寄生しているネズミノミも当然保有している。このネズミノミが人を噛むことによって人間に感染していく。

クマネズミは、体長20cmほどであり、キツネ、オオカミ、フクロウなどの餌であった。前述したように12世紀以来の、森林の大開拓で、森が減少し、これらの天敵が激減した。また開墾された農耕地の作物がクマネズミの格好の餌になった。これらによって、クマネズミが激増した。ペスト菌を持つクマネズミが死ぬとそこに寄生していたネズミノミは、他の餌を求めて近くの人間にとりつくのである。つまり、大開墾による自然の生態系の破壊がペスト大流行の裏に存在しているのである。

ペスト菌が体内に入ると2-6日の潜伏期間の後、発熱する。40℃の高熱、頭痛は、やがて脳神経を侵し、随意筋は麻痺し、ひきつけ、硬直、しゃっくりを起こし、さらには、錯乱し暴れたりする全身症状を示す。リンパ節が、激痛とともに腫れて、膿が出る。さらに全身の皮膚に出血性の紫斑や小型の

膿疱が現れ、高熱のうちに死亡する。死亡率は、30-40％以上と言われる。これが腺ペストである。腺ペストの経過中に、ペスト菌が肺に回ると、激しい咳、血痰、胸水から呼吸困難、肺水腫、心不全を起こして短期間のうちに死亡する。こちらはほぼ確実に死亡する。これが肺ペストであり、人のくしゃみ、唾液、痰で感染する。

　ヨーロッパの人口は、8世紀には、3000万人であったが、14世紀の初頭には、7000万人を超えている。つまりヨーロッパでは、14世紀までに人口が飽和状態に達していた。そして都市の人口密度は上がり、衛生状態も良くなかったと考えられる。さらに、9世紀から13世紀までは、中世の温暖期と言われ、穏やかな気候が続き、豊作であったが、14世紀から地球が寒冷化に向かい、不作が続くようになる。したがって、栄養不足から来る、抵抗力の低下もある。また、寒冷化の程度は相当大きく、温暖期に比べて約3℃の気温低下があったと言われているので、寒さ自体による抵抗力の低下もあろう。これらも、ペスト大流行の一因である。以上、ペスト大流行の原因をまとめると次のようになる。

(1)　自然破壊による生態系破壊に基づくクマネズミの増加およびその人間との接触の増加
(2)　人口増加とそれによる不衛生状態
(3)　気候の寒冷化に伴う不作による栄養不足などから来る抵抗力の低下
　　いずれにしても、大開墾に基づく自然破壊がペストの大流行をもたらし、多くの犠牲者を出したことは確実である。

第5章

イギリスの環境破壊と環境保護

　イギリスは、世界で最も早く深刻な大気汚染を体験した国である。このイギリスの環境汚染がどのような経過によって生じ、どのような結果を招いたかを闡明する。そして1600年代にイギリスで何例も生じた二重体児がダイオキシンによって生まれた可能性があることを指摘する。また死者4000人以上を出したロンドンスモッグについても詳述する。さらに大気汚染の対策のためにどのような政策がとられたかも明らかにする。

第1節　森の消失と石炭による大気汚染

　12世紀になるとイギリスでは、開墾や製鉄業の隆盛による森林伐採によって生じた木材不足を補うために、石炭が用いられるようになる。イギリスでは、海炭（sea coal）という品質が良くない石炭の使用が、13世紀に一般的となり、石炭の煙による苦情が現れ、1289年には、ロンドンの鍛冶屋が、夜の仕事の自粛を申し介わせている。1307年にエドワード1世は、海炭を窯で使用することを禁じた。同じ頃、フランスでも石炭は、空気を消滅させ、衣服を汚し、健康を害するという理由から、都市における石炭の使用禁止令が出されている。

　1578年には、エリザベス女王が石炭の煙に悩まされ、その結果ビール醸造業者が、将来木材燃料だけを用いるという始末書を提出している。1627年の明礬工業の煙害についての誓願では、海炭の煙が牧場を汚し、テームズ川の魚を害していると訴えている。1540年から1640年の間に木材は740％の値上がりを記録し、木材が極端に不足し、1640年代には、家庭用の暖房にも海炭が使用されるようになった。このように、海炭の使用が広がれば広がるほど、大気汚染は深刻なものとなっていった。

　そして、イギリスの森は16世紀から、18世紀にほとんど消滅した。現在

のイギリスの諸都市に見られる森は、19世紀以降、人間の手によって植えられたものである。しかし、山に一面に木を植えることはできなかった。従って、町や村の中にしか現在は森はないのである。

第2節　フミフギウム——世界初の公害摘発本

ジョン・イブリン（John Evelyn, 1620-1706）は、1661年に『Fumifugium フミフギウム』と題する報告書を国王チャールズ2世に献上し、石炭の煤煙によるロンドン市民の被害及び汚染防止のための提案を行った。

ジョン・イブリンは、1620年に裕福な地主の家に生まれた。オックスフォード大学卒業後、フランスやイタリアに遊学した。清教徒革命の後の王政復古によって、チャールズ2世が復位すると、国王の評議委員の一員となり、王立学士院の創立者のひとりになった。のちには、王立学士院の院長にもなった。

『フミフギウム』は、正確には、『FUMIFUGIUM: Or The Inconvenience Of The Aer and Somoake of London Dissipated』という表題が付けられている。空気の汚染とロンドンの煙の消散と副題が付けられたこの報告書は大別して五つの部分からなる。国王への奏上文、序文、1部、2部、3部である。

奏上文では、煤煙が宮廷ばかりでなく、ロンドンの全市民に被害を与えているとのべ、自分の勧告を取り上げるように訴えている、序文では、国家の公共事業の進捗の遅れを非難し、ロンドン市民の健康を守るために大気節浄化の勧告をまとめた動機を明らかにしている。第1部では、ロンドンの大気汚染のひどさを訴えている。その一部を抜粋する。

海炭の煙が、絶えずロンドンの上空を覆い、本来はすばらしくきれいなはずの大気と混ざりロンドン市民が呼吸する空気を濃く汚れた霧にかえてしまっている。煙のように汚れた蒸気は、肺を腐らせ、身体の調子を狂わせる。カタル、肺結核、感冒その他の諸々の肺疾患を引き起こす。

煤煙は、家庭の台所やビール醸造所、染色工場、石灰工場、製塩所、石鹸工場の煙突から吐き出されている。ロンドンは分別ある人間の住む場所というよりは、シシリー島のエトナ火山、ローマ神話に登場する火と鍛冶の

神ウルカヌスの法廷、地獄の郊外とした方がよい有り様だ。ロンドン以外の土地では、大気は澄んでいるのに、ここでは、硫黄の雲が覆い、太陽光線が地上に届くのを妨げている。ロンドンを目指してきた旅人は、何マイルも手前でロンドンが近いことを、目で見るよりも臭いで先に分かる。これがロンドンの栄光を汚す煤煙なのだ。煤煙は触れるもの総てにすすを残し、食器、金メッキをほどこした製品、家具を変色させ、田舎では何百年ももつ鉄や堅い石ですらここでは1年でだめにしてしまう。

ロンドンの大気汚染がいかにすさまじかったか、この文を読めばよく分かろう。
第2部では、大気汚染に対する対策を述べている。

煙をほとんど出さずに撚やせる燃料である木材によって、この巨大都市ロンドンをまかなうのはばかげていると考えられているが、現在量よりもはるかに多くの木材をロンドンに運び込み、安く販売することも間違いなく可能だったはずである。別の土地に植林するとか、森林を保護するとか、あるいは森林が無尽蔵にあると思われる北欧諸国から海路輸入するといった手段がそれを可能にしたはずだ。

それはさておき、私がここで提案する方法は、煤煙の主原因である海炭を多量に燃焼させる工場や炉をロンドンから離れた場所に移転させることである。こうしたものとして、ビール醸造所、染色工場、石灰工場、製塩所、石鹸工場などが挙げられる。このような汚染源をその他の類似の汚染源と共に、十分な距離をとった場所に移すことができれば、ロンドンの住民は煤煙の被害から救われ、ロンドンもみちがえるようにきれいになろう。そこで私は、すべての工場をテムズ川の対岸、ロンドンから5-6マイル離れた場所に移すことを定めた法律を今議会で成立さすことを提案したい。

イブリンはさらに、野焼きの禁止令も提案している。
第3部には、「植樹によるロンドン大気改善提案」と言う副題が付けられ、次のような提言を行っている。

第 5 章　イギリスの環境破壊と環境保護

市の周辺にあるすべての低地、とりわけ市の東部および南西部にある低地を、20、30、40、エーカーといった区画に分け、それぞれの区画を樹木で囲み、ロンドンの汚れた空気を浄化する。この目的にあった樹木として、バラ、ジャスミン、ライラック、ヤナギ、ボダイジュ、ナデシコ、サクラソウ、スイセン、ユリなどが挙げられる。

以上、フミフギウムの内容を概観したが、下記に示すようなイブリンの指摘は現在でも十分に通用する優れたものであり、かれの先見の明には驚かされる。
(1) 煤煙被害の原因物質を硫黄、現在で言えば SO_2 と正確に看破している。
(2) 汚染発生源の移転という思い切った提言を行ったこと。工場内における煤煙や硫黄物質の除去と言う物理的化学的方法が進歩していない時期では、これが最も効果的であろう。
(3) 植林や森の保護によってこのような事態が防げたことを看破していること。実際に、19世紀には広く植林が行われるようになった。
(4) 植樹によって、植物の呼吸作用を利用して大気汚染物質を浄化できることを見抜いていたこと。

しかし、このようなイブリンの努力も実を結ばず、これらの提案は無視されてしまう。これらの実行には膨大な予算が必要であり、また工場主を説得することは不可能であったからである。

この後も、イギリスにおける石炭の使用量は増加の一途をたどった。さらに、18世紀には、産業革命が勃発し、石炭を燃料とする蒸気機関が発明されたので、石炭の使用量が爆発的に増え、ロンドンの大気汚染は、絶望的な状態に陥っていった。

第 3 節　二重体児出現

イギリスでは、ジョン・イブリンが、『フミフギウム』をイギリス王チャールズ 2 世に献上し、石炭の煤煙による被害および汚染防止のための提案を

第 1 部　環境問題と環境保全の歴史

行った 1661 年は、大気汚染が最悪を極めていた。その 3 年後にロバート・ボイルが驚くべき報告を王立協会に行った。

　この報告は、ボイルが王立協会の第 2 書記官のヘンリー・オルデンブルク（1619-77）にあてた 1664 年 10 月 30 日付けの手紙であり、絵も添えられている（下図参照）。二重体が 2 例も出現したのである。1 例は、オックスフォード大学の医学部の教官が発見しボイルに知らせたものである。1 人は 1 日、他方は 15 日、生存したという。もう 1 例は、眼科医がボイルに報告したものであり、三つ子のうちの 2 人の女児である。マリアとテレサと名づけられ、一方が他方よりもよく眠るが、どちらもかわいい顔をしていたという。また、ボイルは、双頭の牛が生まれたことも報告もしている。このような短期間に何例も奇形児や奇形動物が出現することは自然界では考えられないことである。したがって何らかの有毒物質が作用していると考えるのが一般的であろう。

　ヴェトナム戦争で、アメリカが枯葉剤を散布し、二重体児などの奇形児が生まれたことは周知のことであるが、この原因は、枯葉剤の中に含まれていたダイオキシンが原因とされている。ダイオキシンとは、次図に示すように、2 個のベンゼン環が 2 分子の酸素で架橋された構造を持ち、催奇形性、発がん性などの稜々の疾病や、障害を引き起こす。

　現在我が国でも、全国の焼却場から、ダイオキシンが発見され、大問題になっている。特に燃焼温度の低い中小の焼却場からの発生量が多く、これらの焼却場の廃止が相次いでいる現状である。

（出典）『オルデンブルク往復書簡集』より

ダイオキシン
(2,3,7,8-テトラクロロジベンゾ-ρ-ジオキシン)

　石炭には、ベンゼン環が含まれる。この時期のイギリスの石炭は、海炭 (sea coal) と言われていたが、この名前の由来は、この石炭が海路で運搬されたことにもよるが、もともとは、これらの石炭が、海水に洗われて発見されたことによる。つまり当時のイギリスの石炭は、海辺で採掘されたものが利用されており、海水の塩分（NaCl）つまり塩素を大量に含んでいたのである。これらの海炭を低温で燃焼させると、塩素とベンゼン環が結合してダイオキシンが発生する可能性は十分ある。これらを吸引することにより、二重体児や双頭の牛が誕生したと十分考えられる。しかしこの海炭は採掘され尽くされ、18世紀には現在のような炭坑で一般に得られる品質の良いものが使用されるようになる。これにともなって、奇形児の報告もなくなっていく。

　つまり、現在の化学物質による大気汚染の原点は、イギリスの石炭燃焼による煤煙汚染にあり、ダイオキシン状の有毒化学物質が排出された可能性が高い。

第4節　HClによる酸性雨汚染

　世界初の本格的酸性雨は、18世紀後半にイギリスを中心にソーダ工業（アルカリ工業）が勃興して発生した。食塩から炭酸ソーダ（炭酸ナトリウム：Na_2CO_3）を工業的に製造するルブラン法が発明されて、石鹸やガラスの原料として爆発的に生産が拡大した。だが、食塩と硫酸を反応させて炭酸ソーダを製造するルブラン法の工程で、塩酸が発生して工場の付近一帯に酸の雨が降ることになったのである。ニューカッスル、グラスゴーなどの工場周辺では、畑も森林も一面に枯れてしまった。1862年5月12日付けのロンドン

の『タイムズ』紙は、その模様をこうルポしている。

　かつて豊かだった田園は、まるで死海の沿岸部のように荒涼たる光景に変わってしまった。いくら見回してみても、葉をつけた木は1本も見当たらない。

　放っておけなくなったイギリス議会は、1862年に特別委員会を組織して、その翌年「アルカリ法」を制定して規制に乗り出した。これは、有毒物質排出源の工場を規制できる最初の法律であり、その要点は四つある。
(1)　塩酸の少なくとも95％を回収しなければならない。
(2)　監査組織を作り、監視者はいつでも望むときに工場の排出を監視する権限を持つ。監視者の意見によって工場の排出が4時間以上にわたって限度を超えているとされたときは、経営者を裁判にかけることができる。
(3)　経営者は監視者とともに登録するよう命ぜられる。
(4)　初回の違反では50ポンド以下の罰金、2度目以後は1回（24時間単位）ごとに100ポンドの罰金を科せられる。

　だが、工場側は規制に猛反発して、立ち入り検査などにはまったく応じなかった。しかし、住民の支持を受けて、少しずつ排出源に塩酸の吸収装置を設置させることに成功した。この塩酸公害は、19世紀末に塩酸を出さないソルベー法が普及し、やっと収まった。ソルベー法の開発は科学技術が、環境破壊を縮小させた世界初の例である。
　「アルカリ法」は5年後、1868年には期限が切れたが、更新されて永続されることとなった。
　1874年には塩化水素以外の有害物質、塩素、窒素酸化物、二酸化硫黄、硫化水素などにも拡張して適用された。

第5節　ロンドンスモッグ

　産業革命の過程において、イギリスは、石炭に関する次の三つの問題をク

第 5 章　イギリスの環境破壊と環境保護

リアーしていた。
（1）　炭坑の排水
（2）　石炭輸送
（3）　石炭による製鉄

　(1)は、ワットの蒸気機関による排水ポンプで解決した。(2)は、スティーヴンソンによる蒸気機関車の改良によって解決した。(3) は、ダービーのコークスによる製錬法の開発とコートによるパドル法の改良によって解決した。
　したがって、イギリスにおいては世界に先駆けて、石炭消費の条件が整っていたのである。
　製塩業、ガラス工業、火薬工業、醸造業、製糖業、石鹸工業、化学工業、煉瓦製造業、造船業、製鉄業など、ありとあらゆる工業で燃料として石炭が使用された。また、一般家庭でも、暖房や燃料に当然石炭が使用された。石炭の燃焼による煤煙と有毒ガスがイギリスを覆い尽くすことになる。特に、工場と民家が密集するロンドンは、壮絶を極めた。
　この惨状に、イギリス政府は、法律を作って取り締まりを行うようになる。
　まず1847年に都市整備法が制定された。これは都市内工場に対する最初の取り組みといってよく、工場に燃料が完全に燃え尽きるような炉の設置を義務付けている。さらに1853、1856年に蒸気機関、工場の炉、公衆浴場、洗濯屋、テムズ川を上下する蒸気船の煤煙取り締まりの権限を警察に与える煤煙法が制定された。1863年には前述のアルカリ法が、1866年には保健局に煤煙取り締まり権限を与える衛生法が制定されている。
　1873年のロンドンスモッグを経て1875年に公衆衛生法が強化され、1881年には、アルカリ法が強化され、アルカリ等工場規制法が制定された。しかし、こうした一連の規制も石炭消費の急増の前に効果を上げえず、1882、1891、1892年と相次ぐロンドンスモッグが起こり死者が続出し、大気汚染の悪化が進行した。
　1905年にはロンドン公衆衛生会議が開催され、本場ロンドンでスモッグ（Smog）という言葉が正式に誕生した。この言葉は、煙（smoke）と霧（fog）を合成して作られた。

31

進行する汚染防止のめどを探るために1914年に発足したニュートン委員会は1921年最終報告を出し、悪化する一方の大気汚染の原因は中央政府の無策にあると指摘している。1926年の煤煙防止法、1936年のロンドン煤煙防止法の成立にもかかわらず汚染は進行、1939-45年の第二次世界大戦に突入、そして1952年のロンドンスモッグ事件へとつながっていく。
　1952年12月4日は、まだ微風があり太陽も時々顔をのぞかせていた。だが、翌5日から、高気圧が居座り、風はばったり止まって湿度も上がってきた。上空には逆転層が現れ、その夜からロンドンは町全体が厚い霧の底に沈んだ。煙突から立ち昇った煙は低く上空でよどみ、真っ昼間でも薄暗く、道路も家の中も黒い霧が覆い尽くす状態であった。
　翌6日付けの『ロンドン・タイムズ』紙によると、「スモッグのために視界が効かず、ロンドンは空の便も大混乱に陥る最悪の日となった」という記事がある。6日はスモッグで209人が死亡した。7日はさらにひどく、「暗い日曜日」として歴史に残る日となった。道路では、自動車が動けなくなって大渋滞を起こしテムズ川でも船が立ち往生した。市の中心部では視界が5m以下に落ちた。
　呼吸困難を訴えても救急車が動けず、病院も患者であふれ返り、死者が増加した。7日の死亡者は602人であった。次の8日の月曜日には618人が死亡した。9日の火曜日には、スモッグはさらに市の中心から30km外側にも広がった。その日の午後遅く、やっと風が吹き始めたが、黒い雲の塊はそのまま東へ移動していった。スモッグが晴れた直後から、酸性を帯びた雨や霧に見舞われ、雨はpHが1.4-1.9というレモン以上に酸っぱいものであった。この日の死者は500人であった。
　火曜日でスモッグは消失したにもかかわらず、12月13日までにスモッグによる死者数は2800人を超え、次の日にさらに1200人以上が死亡した。わずか正味5日間のスモッグで4000人以上が死んだのであった。これが歴史上有名な1952年のロンドンスモッグの実態である。
　これをきっかけに、1956年に「大気浄化法」が施行された。だが、この法律には大きな問題点があった。
　一つは、目に見える煤煙の規制が主目標で、硫黄酸化物などのガス状の汚染物質についてはほとんど規制対象にならず、引き続き酸性雨の原因を排出

し続けたこと、二つめは、高層煙突の設置を求めたが、これが逆に汚染の広域化を進めたことである。しかしこの「大気浄化法」は、1968年に改正され、さらに1974年には、汚染規制法（Control of Pollution Act）に引き継がれ、強化され改善された。

ロンドンでの SO_2 などの硫黄酸化物が減ってきたのは、1970年代に入って北海油田から安価な石油や天然ガスの供給が進み、硫黄分の多い石炭からの燃料転換が進んだからである。ロンドンの今日の大気汚染は、1950年代と比べて二酸化硫黄は1/10以下に減り、冬季の日照時間も2倍近くまで増えてきている。

第6節　日英比較——四日市喘息

ロンドンスモッグから4年後の1956（昭和31）年から、三重県四日市市南部の塩浜地区にあった旧海軍燃料廠跡地を中心に、当時日本最大の石油化学コンビナートの建設が開始された。このコンビナートは、高硫黄分含有の中近東原油の大量輸入に基盤を置いたものであったので、大量の硫黄酸化物の大気中への排出と、それによるコンビナート近隣居住地の高濃度汚染をもたらすこととなった。

1960（昭和35）年頃よりは喘息性疾患の異常な多発が見られ、50歳以上の年齢層では住民のほぼ10％を超えるようになった。また、学童などの肺機能低下や咽喉頭炎の多発などを伴っていることなどが明らかにされた。学童や市民は、マスクをかけて登校し市内を歩くという状態であり、これらの映像が残されている。四日市では、石炭ではなく石油コンビナートであるが、二酸化硫黄の濃度は石炭燃焼に劣らぬものであった。

ロンドンスモッグの教訓が生かされ、早く手が打てなかったものかと悔やまれるが、犠牲者がでて初めてリアクションが起こされるのは、つねに繰り返される歴史の悲劇である。当時の営利のみを追求し、煤煙等の排出を無視する企業の姿勢は、日英とも共通であった事がよくわかる。

石油コンビナート6社を相手どって1967（昭和42）年に提訴して争われたのが四日市公害訴訟で、裁判所は、大気汚染にかかる複数排出者の共同不法行為の成立を認め、これらが判例として確定された。この裁判はその後の

日本の公害対策、特に大気汚染対策の進展に大きなインパクトを与え、硫黄酸化物の環境基準の強化（新環境基準の制定）、大気汚染防止法への総量規制条項の導入、大気汚染被害者に対する補償法の制定などの結果をもたらした。現在のイギリスでは、汚染発生規制については、「経済的に可能で、最大限の技術（Best Available Technique Not Entailing Excessive cost、BATNEEC）」の基準が課せられる。1990年の環境保護法が汚染規制の総合的な法律で、環境大臣が規制基準を制定し国家汚染監視局が工場のプロセスごとにBATNEECのガイドラインを定めることになっている。日本では、1967年に制定された公害対策基本法を強化発展させた環境基本法を1993年に制定しその中で環境基準を設け、汚染物質について規制値をもうけている。日英共に汚染物質の排出には厳しい規制をしいていることは、共通している。これらの制定の陰には、ロンドンスモッグや四日市喘息の大きな犠牲があることを忘れてはならないであろう。

第7節　まとめ

いままでの考察をまとめると次のようになる。
(1) 　イギリスでは開墾、製鉄業による木炭使用のために森林伐採が大規模に行われ、13世紀から石炭の使用が本格化した。
(2) 　16世紀には、奇形児や奇形動物が出現してくる。この時期は、イギリスにおける海炭（sea coal）の大量使用が行われた時期であり、海炭に大量に含まれていた塩素がベンゼン環と結合してダイオキシンが発生した可能性を否定できない。
(3) 　18世紀後半に、食塩から炭酸ソーダを工業的に製造するルブラン法が発明されて、この工程で塩酸が発生して工場の付近一帯に酸性雨が降るようになる。これを契機に排出源の工場を規制できる最初の法律である「アルカリ法」が、1863年に制定された。
(4) 　産業革命の進展に伴い、19世紀になると石炭の使用が飛躍的に増大し、石炭の煤煙等による大気汚染が深刻化する。1905年には、スモッグという言葉が生まれ、1926年には煤煙防止法が成立するが、石炭の需要に追いつかず、1952年には死者4000人以上を出し

たロンドンスモッグが発生する。
(5) ロンドンスモッグ以後、大気浄化法等の法律が作られるが、現在のロンドンのスモッグの減少はこれらの法律よりも、石炭から石油への燃料転換による効果が大きい。
(6) 我が国でも、1960年から三重県四日市市で喘息性疾患が多発する。これは石炭燃焼ではなく石油コンビナートの石油燃焼によるものであるが、二酸化硫黄の排出濃度は、石炭に劣らぬほど高かった。四日市喘息裁判での原告勝訴の結果、日本では二酸化硫黄の排出規制が厳しく行われるようになった。
(7) 現在イギリスでは、国家汚染監視局が置かれ、1990年に環境保護法が制定された。日本では、環境省が置かれ1993に環境基本法が制定され、ともに大気汚染防止等の環境保護に努めている。新たな化学物質が日々作られる人工物質文明の現在においては、これらの化学物質の監視に努め、ロンドンスモッグや四日市喘息のような悲劇が二度と起きないようにこれらの機関に期待するとともに、われわれもこれらの機関に注意を払い監視していくことが必要であろう。

第1部 環境問題と環境保全の歴史

第6章

アメリカの環境破壊と環境保護

第1節 シエラ・クラブ、全米オーデュボン協会設立

 アメリカは1803年フランスからルイジアナを、19年スペインからフロリダを買収し、45年テキサス、46年オレゴンをあわせたのち、さらにメキシコと戦って、48年カリフォルニアを獲得し、その領土は太平洋岸に達した。領土の拡大は、独立以来アメリカ政府が奨励した西部地方の開拓を大いにうながし、東部の社会に不満な人々やヨーロッパからきた新移住者は、未開のフロンティア（辺境）を切り開き西へ西へと進んでいったのであった。
 しかし、ネイティブ・アメリカン（インディアン）は、征服か詐欺にちかいかたちで土地を奪われ、指定の保留地に追いやられたのであった。この西部開拓は、東部の工業のために広大な国内市場を提供した。アメリカでは、1869年には、大陸横断鉄道が完成した。アメリカ国勢調査局は、1890年にフロンティアの消滅を宣言した。この時のアメリカ国勢調査局のフロンティアの定義は、「1平方マイル当たり、2-6人の住民を含む地域」である。この西部開拓は、大森林破壊を引き起こした。森林の破壊にともなって、土壌の浸食も激しくなり、湖は富栄養化し森林は農地に変化していった。またネイティブ・アメリカンのみならず、野生の動物達も大迫害を受ける。バイソン（アメリカ野牛）は4000万頭いたものが、その剥皮が商業的に取引されるようになった1871年以降、年間300万頭以上が殺戮され、1890年には、絶滅の危機に瀕した。また、50億羽いたといわれるリョコウバトは、東海岸の都市に安価なタンパク質を提供するために鉄道業者と結びついた商業的なワナ猟が行われるようになることによって大殺戮され、1855年にはニューヨークだけで年間30万羽以上が運ばれて来たという。1900年には、野生最後のリョコウバトがオハイオ州で死に絶え、1914年には、飼育され

ていた最後の1羽も死に、地球上からリョコウバトは姿を消した。

　しかしこのような開発に対して、自然との一体を目指す人々も現れた。エマソン（Ralph Waldo Emerson, 1803-82）は『Nature（自然）』（1836）を著し、神と自然と人間の究極的な一致（transcendentalism）を目指した。さらにその弟子のソロー（Henry David Thoreau, 1817-62）は、1845年夏、ウォールデン湖畔に自分で小屋を建て自給自足の生活を2年2カ月にわたって行った。ソローはこの時の生活を、『Walden, or life in woods（森の生活）』として著し、好評を博した。かれは自然の重要性を説き、実際に自然との共生をはかった先駆者として後世に語り継がれることになる。そして、自然保護や森林保護に対するさまざまな施策がとられるようになる。1872年に、「イエローストーン国立公園法」が成立し世界で最初の国立公園が出現する。1892年には、自然保護団体が成立している。シエラ・クラブである。1905年にはやはり自然保護団体の全米オーデュボン協会が発足した。オーデュボン（John James Audubon, 1785-1851）とは、鳥獣研究家であるとともに画家であり、1785年ドミニカで生まれ、20歳でアメリカに渡り、北はラブラドル、南はフロリダ、テキサス、ケンタッキー、ペンシルバニアなどまで移り住み、ネイティブ・アメリカンとも寝食を共にした。そして自ら接した489種1063羽の鳥から435枚の大判写実画を描き、『The Birds of America（アメリカの鳥類）』を出版した。これは、鳥の動作や背景の詳細な画法で好評を博した。また晩年には北米の哺乳動物の画集も出版した。これらの経験から野生鳥獣の捕殺や自然破壊を憂いその保護を主張した。オーデュボンの弟子グリンネル（G. B. Grinnell）が1885年オーデュボン協会を設立した。当時、女性達は競って、野鳥の羽を帽子の飾りにしていたがこれが野鳥の減少の原因だと指摘されたため、このような羽根飾りをやめる運動が起こり各地に野鳥を保護する団体が設立され、オーデュボン協会を名のった。そこで1905年に36州のオーデュボン協会が結集し「全米オーデュボン協会」が組織された。

　次にシエラ・クラブについてその成立について見てみる。この団体は、アメリカの自然保護運動の先駆者として知られているジョン・ミュア（John Muir, 1838-1914）によって設立された。ジョン・ミュアは、1849年に家族でアメリカ移住しウィスコンシン州の未開の原野に入った。極貧の中、刻苦

勉励しウィスコンシン大学に入学した。ミュアは大学に入学してから、漂泊の旅にでる。山野に野営しながら五大湖周辺の原野を歩き回る。1868年にカリフォルニア州のヨセミテ渓谷に向かう。ここは、サンフランシスコの東約240kmのシエラーネバダ山脈中に位置し氷河の浸食によって形成された900-1200mの高さを持つ絶壁がそびえ、岸壁にかかる数多くの滝の眺めが素晴らしい。それから8年間の間、ミュアはシエラーネバダ山脈を冒険する。かれの当時の日記をもとに後に出版された『はじめてのシエラの夏』では自然を賛美する。

> 私が今までに見たシエラの景色のなかにはほんとうに死んでしまっているものや鈍い感じのもの、あるいは製造業者が言うガラクタやゴミはなかった。すべては完璧で清らかで、純粋で神の教えに満ちていた。

しかし同時に、かれは次のように人間による自然破壊に危機感を抱く。

> しかし、人間だけが大草原を破壊する。
> しかし、羊毛をまとったイナゴども（著者注：人間が飼育する羊のこと）が金儲けのためにどんどん繁殖するようなことになれば、森だってそのうちに滅ぼされてしまうだろう。

かれの自然保護の熱意は、このヨセミテを国立公園にする運動に結実する。1864年に、ヨセミテ渓谷のごく一部は、州立公園に指定されていたが、ヨセミテ全体を国立にしようとかれは考えたのであった。1889年高級雑誌『センチュリー』の社長ロバート・ジョンソン（Johnson Robert）と共にヨセミテのすばらしさと保護を訴え、1891年にヨセミテ国立公園を実現させた。ミュアの名前は、全国に響きわたり、1892年6月にはミュアを中心とする環境保護団体シエラ・クラブが発足する。この団体の名前は、シエラーネバダ山脈のシエラからとられており、語源的には、ラテン語でシエラは山脈、ネバダは雪である。

ミュアは、第26代セオドア・ルーズベルト（Roosevelt Theodore）大統領に請われて、1903年5月15日から4日間、2人だけで、ヨセミテの原野

を歩いた。大統領がこのような形で自然に接するということは前代未聞の事であった。ジョン・ミュアは、大統領にヨセミテの原生自然を完全に保存（preservation）することを訴えた。

第2節　保存（preservation）と保全（conservation）

セオドア・ルーズベル大統領の友人で、ヨーロッパの青林管理を学んで帰国したジファード・ピンショー（Pinchot Gifford）は、1898年から農務省の森林局長に就任し、公有地の天然資源管理の重要な役割を担った。かれの自然保護思想は、賢明な利用 wise use（ワイズユース）に基づく、保全であり、国有林を木材の安定供給に利用することをベースに森林の育成と保護、水源の管理を行おうとするものであった。つまり、国有林は計画的・効率的に利用される wise use の対象であった。これに対して、ミュアは、人間の手が入ることを完全に拒否し、そのままの形で残す保存を主張したのであった。アメリカでは、1891年に森林保護法が制定され国有林制度が発足し、1897年には、森林経営法が制定された。この法律はピンショーの意見を採り入れ、「国有林は安定した木材の供給並びにアメリカ国民に必要な用途のために存在する」とされた。

ここで保護と保全の相違について確認しておく。

保存 preservation とは、自然を聖なるものと考え、人間による損傷や破壊から守ろうとするものである。換言すれば、自然を人間の手つかずの状態 wilderness（ウィルダネス）の状態で保護しようとするものである。保全 conservation とは、人間の利用に供しながら、或いは、将来供するために保護するものである。あえて言えば、前者は人間非中心的であり、後者は人間中心的といえよう。

第3節　ヘッチ・ヘッチィ論争

1908年にヨセミテ国立公園内のヘッチ・ヘッチィ渓谷に、サンフランシスコの水源用ダムを建設する問題が持ち上がった。保存派の中心として活躍したのがミュアであり、ウィルダネスの重要性を説き、ルーズベルト大統領

にも協力を求めた。これに対してピンショーは、適切な管理をしながらワイズユースを行うという保全派の代表となった。この論争は、アメリカの世論を2分する大論争に発展した。ルーズベルト大統領は、悩んだ末ダムの建設には反対したが、1913年、第28代ウッドロー・ウィルソン（Wilson Woodrow）大統領の時に、議会で建設が承認され決着した。このように保全の勝利となり、翌年ミュアも死亡した。この保存と保全の対立は、これで終わったわけではなく以後も論争が繰り返されることになる。

第4節　原生自然法

1933年第32代フランクリン・ルーズベルト（Roosevelt Franklin）大統領が、ピンショーに森林政策の立案を依頼したとき、かれはロバート・マーシャル（G. Marshall Rovert）を推薦した。マーシャルは、ミュアと同じように多くの山を実際に歩き、ウィルダネスの重要性を認識していた。1933年から37年まで内務省インディアン局の森林責任者を努め、後に農務省の森林局に転じた。マーシャルは、国立公園局が自然利用のために道路の建設を進めることに危機感を抱いていた。そして1935年、ウィルダネスの保存をめざす環境保護団体ウィルダネス協会を発足させるが、この発起人にアメリカ環境倫理学の基礎を築いたアルド・レオポルド（Reopold Aldo）を入れるのに成功した。レオポルドは、24年間森林局の職員として勤務した後、ウィスコンシン大学の狩猟鳥獣管理学の初代教授に迎えられた。レオポルドは、地域に生息する生物全体を視野に入れ、多様性が尊重されるべきであるとし、生物集団は獲物ではなく野生生物として考えた。また病んでいる土地と健康状態の土地という視点が導入された。損なわれない原生自然、ウィルダネスは生物圏が調和して平衡状態にあると考えた。かれは、土地という生命圏共同体の全体の安定性を重視し、人間と大地、そして大地に生きる動物植物との関係を律する倫理の構築を提唱した。換言すれば、人間も自然界の一員である以上、土地を経済性のみからとらえて他の生物を無視するという勝手な行動は許されず、人間の行動にも自ずと制限が加えられるべきであるということになる。かれはこのような考えを大地の倫理、ランド・エシックスと呼んだ。このような環境保護倫理は、ミュア以来の原生保護論者に倫理

的支柱を与えることになった。

　第二次世界大戦後、アメリカは空前の繁栄を迎える。大量生産・大量消費・大量廃棄の黄金の50年代を経験する。アメリカ人工物質文明の繁栄は一方で人々の自然との接触に対する欲望を増大させた。国立公園の利用者は、1960年には7200万人を超え、過度の利用が自然破壊につながっていった。それと同時にウィルダネス協会の主張である原生自然法案がクローズアップされてくる。この法律は、「国立森林保護区や国立公園、野生生物保護区等に残されている原生自然を国立原生自然保全制度の中に組み入れ、原生に管理して将来の子孫に残す」という趣旨である。当然のことながら国立公園、国有林を利用している鉱業や林業、放牧等の利益団体から強い反発があった。論争は長引き、1957年から64年まで計9回もの公聴会が聞かれた。しかしウィルダネス協会やシエラ・クラブのロビー活動も功を奏し、第36代ケネディ（John Fitzgerald Kennedy）大統領暗殺後の1964年に議会を通過し、第37代ジョンソン（Lyndon Baines Johnson）大統領が署名し、ついに原生自然法が成立した。

　この法律は以後のアメリカの環境政策を方向付けるものとなる。また環境NGOの力をみせつけた。以後の環境NGOの運動はロビー活動に移行していく。

　次頁にアメリカの1620年と1920年の森の分布を示すが、いかにアメリカの原生自然が破壊されてきたかがよくわかる。このような森の激減がアメリカの人々を原生自然法成立に駆り立てたバックボーンにある。

第5節　『潮風の下で』『われらをめぐる海』
——レイチェル・カーソンの登場

　アメリカ内務省魚類・野生生物局勤務のレイチェル・カーソン（Rachel L. Carson, 1907-64）は、1941年に『Under the Sea-Wind（潮風の下で）』を処女出版する。この本は、小説風に海辺の生命の織りなす生態系を見事に描き出したものである。さらに1951年には、『The Sea Around us（われらをめぐる海）』を出版した。この本は、前者に較べてより科学的な記述になり、茫漠たる海のもつ神秘性について読者に語りかけ、多大な感銘を与えた。

　この本の中で彼女は、次のように人間を批判する。

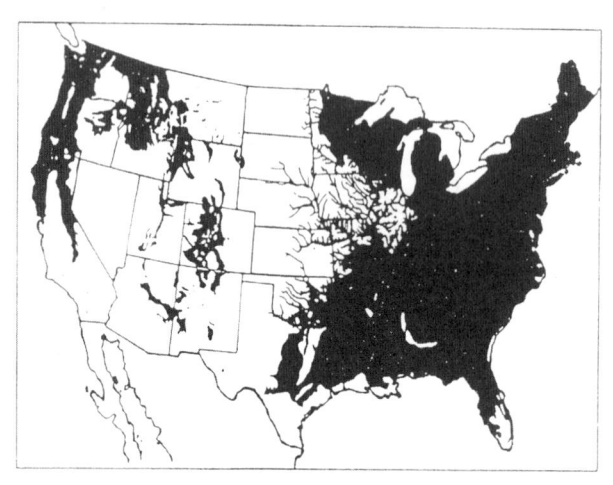

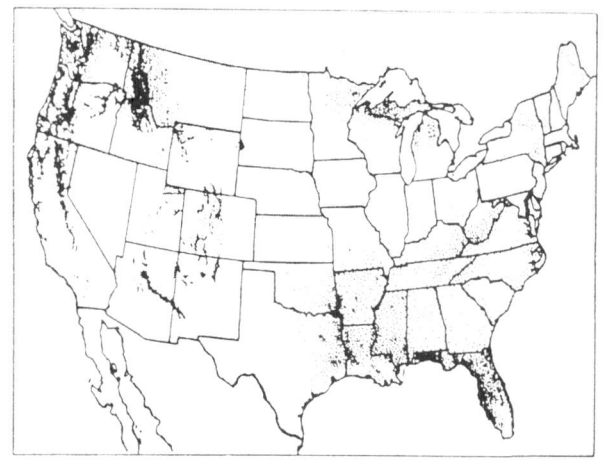

第1部　環境問題と環境保全の歴史

（出典）『アメリカ合衆国の森の分布の変遷』上→ 1620 年、下→ 1920 年　Goudie, 1981 より

　…自然のバランスを破ってしまう人間の風習の多くは、それにつづく不幸な出来事の連鎖への無知からなされたものである。

　海を中心とする豊かな生命の生態系を熟知し、生きとし生けるものに限りない愛情をカーソンは注いだのである。そしてその生態系を破壊する張本人が人間自身である事を彼女は、看破していた。前述のアルド・レオポルド

は、1944 年に『自然保護：全体として保護するのか、それとも部分的に保護するのか』という論文を発表し、全体として自然を保護することを強く主張する。また、1949 年には、遺稿である『A Sand County Almanac（砂の国の暦）』（邦訳名『野生のうたが聞こえる』）が出版され、前節で述べた大地の倫理ランド・エシックスを提唱する。

　適切な土地利用のあり方を単なる経済的な問題ととらえる考え方を捨てることである。ひとつひとつの問題点を検討する際に、経済的に好都合かという観点ばかりから見ず、倫理的、美的観点から見ても妥当であるかどうかを調べてみることだ。物事は、生物共同体の全体性、安定性、美観を保つものであれば妥当だし、そうでない場合は間違っているのだ、と考えることである。

として経済的な点のみからの土地利用による生命共同体の生態系破壊を非難する。このように 1940 年代からアメリカは大地と海の両面からの環境保全の意見が高まっていく。カーソンは更に 1955 年に『The Edge of the Sea（海辺）』を出版し、生物の共生の重要性を主張した。1956 年には、彼女は実際にメイン州の海岸と林の一部を自然の状態で保護するためにこの地域の買収を試みた。彼女の生前にはこの計画は実現しなかったが、その死後この地はレイチェル・カーソン海岸として野生保護地区になった。そして 1962 年には、全世界にセンセーションをまきおこした『Silent Spring（沈黙の春）』が出版された。彼女はこの本で、農薬の DDT、BHC のような有機塩素系の化学物質による環境破壊、生態系破壊について警告を発した。人間が無思慮、無差別に化学物質を環境にまき散らすことを続けるならば、やがて春が来ても鳥はさえずらず蜜蜂の羽音も聞こえない沈黙の春を迎えることになるというセンセイショナルな予言を行った。この本はカーソンの文才が遺憾なく発揮された傑作であるとともに、丹念に調べ上げたデータに基づく科学書でもある。当時のケネディ大統領は、大統領科学諮問委員会の科学技術特別委員会に農薬委員会を設置し農薬による環境汚染を検討させた。1963 年にはこの結果が公表され、カーソンの科学的正確さが認められ、農薬企業と農務省が非難された。

カーソンの『沈黙の春』の出版後、アメリカの自然保護運動は、有害化学物質規制運動へと拡大することになる。原生自然法が成立した1964年、アメリカ議会は「殺虫剤・殺菌剤・殺鼠剤法」の修正法案も可決する。この法律は、殺虫剤等にその安全性に対する注意事項を表示する事を義務付けたものであった。

第6節　アメリカ社会の二重性

　1959年以来の介入でヴェトナム戦争の泥沼にはまりこんでいたアメリカは、カーソンの沈黙の春が出版された1962年、ついに「エイジェント・ホワイト」「エイジェント・オレンジ」計画を実行する。これが枯葉剤空中散布作戦である。この作戦は、1972年まで続行され、総計7万2354kLの枯葉剤が撒かれた。改造輸送機から枯葉剤が白煙となってジャングルに吸い込まれていく。作戦の後、ヘリに乗って空から見ると、緑の絨毯は、灰白色になって、木の1本1本がはっきりわかり、冬枯れの白樺の林の様相を呈したという。このように緑のジャングルは丸裸になり、土壌がむき出しになった。このような熱帯雨林の大環境破壊と生態系破壊を11年間にわたってアメリカは行うのである。しかしこの行為は大きなしっぺ返しを人類に与えることになる。有機リン系や有機塩素系である枯葉剤は、人体にも当然のことながら有毒であり、これらを浴びたヴェトナム、アメリカ両兵士共にガン、特に肝臓ガンが多発した。さらにヴェトナムでは、生まれた新生児に二重体児等の奇形児が多く発生したことは、周知の事実である。枯葉剤には催奇性が高いダイオキシンが含まれていたのである。

　1964年に原生自然法や殺虫剤・殺菌剤・殺鼠剤法を成立させたアメリカが自国とは遠く離れたアジアのヴェトナムでは、有毒化学物質を散布して大原生林破壊を行うのである。もちろんヴェトナム戦争下という特別な条件下であるが、勝利という目的遂行のためには手段を選ばないというアメリカ社会のエゴイズムがここにある。しかし逆に言えば、この時期はまだ為政者の環境保護思想が未成熟であったともいえよう。またこの時期は現在のように情報開示が進んでおらず、国民が枯葉剤散布による熱帯樹林破壊を広く知る立場になかったのである。

第7節　国家環境政策法(NEPA)の制定と環境保護局(EPA)設置

　1960年代の民主党のケネディ大統領とその後を継いだジョンソン大統領は、ヴェトナム戦争での枯葉剤散布を容認したが、アメリカ国内では前述の「原生自然法」(1964)、「殺虫剤・殺菌剤・殺鼠剤法」(1964)の他にも環境問題に理解を示し、次のような法律が制定されている。大気汚染防止のための「大気清浄法」(1963)、「大気質法」(1967)、水質汚濁防止のための「水質法」(1965)。またヴェトナム戦争の情報操作に対する不信は、「情報公開法」(1966)を生み出すことになる。1960年代は、ヴェトナム戦争が激化した時期であり、反戦運動家、人権運動家が盛んに運動を行った時期であるが、かれらが環境問題にも取り組むようになった時期でもあった。1964年に「公民権法」が成立し、黒人は住所の自由と雇用の均等が保証され、65年には完全な選挙権を獲得した。したがって白人の人権運動家達はその精力を環境問題に注ぎ始めたのである。反戦運動家もヴェトナムにおける枯葉剤による環境破壊を知るようになり環境破壊を問題にするようになるのである。1970年の元旦、第37代ニクソン (Richard Milhous Nixon) 大統領は、「国家環境政策法 (NEPA)」に署名した。この法律は、連邦政府が政策実施に当たり、次の6項目を考慮すべき責任があるとするものである。
　(1)　次世代の受託者としての責任を遂行すること。
　(2)　国民に安全、健康、生産的、快適な環境を確保すること。
　(3)　環境悪化を招かないような環境の有益な利用を行うこと。
　(4)　国民遺産を保存し、個人の選択の多様性と相違性を支える環境を保持すること。
　(5)　人口の資源利用間の調和をはかること。
　(6)　資源の再生、再利用をすすめること。

さらに連邦の事業、補助金拠出事業、許認可事業等の連邦行為に、環境アセスメントを義務づけた。
　1970年4月22日に公害防止、自然保護など環境保護をテーマに全米で大規模なデモが行われた。「アース・デー」と呼ばれたこのデモは、全米1500

の大学、2000の地域、1万の学校で集会がもたれワシントンに向かって行進が続けられた。ニクソン政権はこのアース・デーに12万5000ドルを援助した。それまで環境に関心を示さなかった層も環境保護の重要性を認識するようになった。これを機に環境NGOへの入会も相次いだという。この年の12月には大統領令で「環境保護局（EPA）」を設置した。EPAは、1970年には、大気環境基準を設定し、有害物質の排出を許可制にし自動車からの排ガスの90％削減を要求する「大気清浄法」を導入した。1972年には、DDTを禁止し、強力な環境政策を推し進めていくことになる。

しかしニクソン大統領の環境重視政策は、必ずしも純粋な環境保護の観点からのものだけでなく政治的な色彩があったことも指摘されている。つまり、ヴェトナム戦争への人々の不満を国内の環境重視政策でうち消そうとしたのである。アース・デーへの多額の補助金も、ヴェトナム反戦運動から人々の注意を環境問題へそらすのによいチャンスと読んだからだという意見もある。

第8節　環境NGOがアメリカの環境保護を支える

アメリカの環境保護を支えているのは、自然保護団体、環境保護団体である。いわゆる環境NGOである。「原生自然法」を成立させる原動力になったのは、ウィルダネス協会やシエラ・クラブの力が大きいし、DDT禁止には法律家や科学者の環境NGOである環境防衛基金（EDF）が活躍した。このように環境に関する法律の制定の陰にはNGOのねばり強いロビー活動がある。現在のアメリカの環境NGOは規模の小さいものまで含めると数万をこえる。連邦政府に一定料金と書類を提出すれば、誰でも非営利団体を作ることができ、減税と郵便料の割引を受けることができる。非営利団体は、労働人口の約6％を占め、米国経済の主要部門の一つになっている。米国民が非営利団体に寄付した金額は、個人所得の約2％に当たる。アメリカの主な環境NGOとその会員数を上げると次のようになる。

シエラ・クラブ（創立1892年、会員数54万人）、全米オーデュボン協会（創立1905年、会員数57万人）、ウィルダネス協会（創立1935年、会員数30万人）、野生生物の擁護者（DOW）（創立1947年、会員数9万人）、全米野

生生物連盟(NWF)(創立1936年、会員数500万人)、自然管理委員会(TNC)(創立1951年、会員数78万人)、全米人道協会(HSUS)(創立1954年、会員数200万人)、世界自然保護基金アメリカ(WWFアメリカ)(創立1961年、会員数118万人)、環境防衛基金(EDF)(創立1967年、会員数25万人)、地球の友(FOA)(創立1969年、会員数5万人)、国際動物福祉基金(IFAW)(創立1969年、会員数65万人)、環境法律研究所(ELI)(創立1969年、会員数4万人)、自然資源防衛委員会(NRDC)(創立1970年、会員数17万人)、自然保護有権者同盟(LCV)(創立1970年、会員数6万人)、グリーンピース・アメリカ(創立1971年、会員数170万人)、海の羊飼い保護の会(創立1977年、会員数3.2万人)などがある。日本における環境NGOと比較した場合、その歴史と会員数において格段の差がある。日本の主要な環境NGOを挙げると次のようなものがある。日本野鳥の会(創立1934年、会員数5万人)、日本自然保護協会(創立1949年、会員数2万人)、WWFジャパン(創立1971年、会員数4万人)、日本リサイクル運動市民の会(創立1977年、会員数20万人)などであり、環境行政を動かす大勢力までには育っていない。

第9節　まとめ

　アメリカの西部開拓の歴史は、森林破壊、野生生物殺戮の歴史でもあった。この大自然破壊に対して、シエラ・クラブや全米オーデュボン協会などの環境NGOが設立され、自然保護活動が地道に続けられる。アメリカの自然保護の歴史は、保存(preservation)と保全(conservation)の2極対立で進む。しかし第二次世界大戦後の1964年、「原生自然法」が成立し保存派の勝利となる。これには、土地利用を経済的な面だけで判断するのではなく生命体全体としての視野で判断しなければならないというレオポルドのランド・エシックスの思想が大きな影響を与え、また環境NGOのロビー活動も大きく寄与した。この法律の制定を境に、環境保護の法律制定には、環境NGOのロビー活動が大きく影響することになる。1962年に、カーソンの『沈黙の春』が出版され全米にセンセイションを巻き起こす。これ以後人々の関心は、自然保護から農薬などの化学物質からの環境保護へも目を向けるようになる。「原生自然法」の成立以後、「殺虫剤・殺菌剤・殺鼠剤法」を始めと

して60年代に多くの環境関係の法律が制定される。しかし60年代は、ヴェトナム戦争が激化した時期であり、アメリカはヴェトナムにおいて、ブルドーザーでの森林破壊はもとよりとして、枯葉剤の大量散布作戦を実行し熱帯雨林の大破壊を行う。自国では自然を残し殺虫剤を規制しながらアジアでは自然の大破壊を行い、危険な化学物質を平気で使用する、アメリカのこのダブルスタンダードに我々は驚愕せざるを得ないし、アメリカとつきあっていく上での他山の石としなければならないであろう。1970年代に入って、アース・デーのデモが全米で行われ、国家環境政策法（NEPA）の制定と環境保護局（EPA）設置が実行され、環境保護が重要視される。もちろんこれらには市民や環境NGOによる取り組みがあるが、為政者サイドにたてば、60年以来の環境重視政策はヴェトナム戦争の失政を国内の環境対策で取り戻したい、あるいは市民の目をヴェトナム戦争からそらしたいという意識がなかったとは言えないであろう。

この時期の日本に目を移すと、1967年から1969年に起こされた4大公害訴訟、熊本及び新潟の水俣病、四日市喘息、イタイイタイ病訴訟は、1973年までにすべて原告勝訴で結審している。1967年には公害対策基本法を制定し、1971年にはアメリカ環境保護局をまねて環境庁を設置している。日本の場合は、戦後の急速な重工業化政策と国土の狭小さが合わさって大気汚染と化学物質による汚染が急速に進んでいったのである。日本の場合は、当時環境NGOはなく、政党が中心となって環境保護を押し進めていった。1993年には、アメリカの国家環境政策法をまねて公害対策基本法を発展させた環境基本法が成立したが、環境アセスメントが法制化されず、アメリカに較べて不十分な内容になっている。環境アセスメントが法制化されたのは1997年の環境評価法である。

アメリカでは環境保護政策に環境NGOがロビー活動を通じて強力な力を発揮する。しかしながらわが国においては前述のごとく、環境NGOの会員数がアメリカでは何百万にも上るのに対して少なすぎ、全く非力である。ここにアメリカの民主主我の底力を見る思いがする。アメリカは市民の力で政治を変えようという気概が強いが、日本では旧来、お上まかせの意識が根強く政治は政治屋という感覚が強い。しかし、環境問題は、市民のコンセンサスが得られやすい分野であるので、今後草の根運動的な環境NGOが力を

持ってアメリカのように環境問題の政策決定に力を持ってくる可能性はあろう。以上まとめると次のようになる。
- (1) アメリカ開拓の歴史は、自然破壊の歴史に他ならない。
- (2) アメリカでは自然破壊の進行と共に19世紀に既に環境NGOが設立された。
- (3) アメリカの自然保護の歴史は、保存(preservation)と保全(conservation)の対立の歴史である。
- (4) アメリカでは1962年のカーソンの『沈黙の春』出現以降、自然保護運動が有害化学物質の規制等を含むより広範囲の環境保護運動へと変質する。
- (5) アメリカでは60年代から1970年代前半にかけて自然保護、環境保護に関する多くの法律が制定され環境重視政策が実行されるが、この時期はヴェトナム戦争の時期と重なっており、為政者は海外政策に対する国民の不満を国内の環境重視政策で和らげようとした。
- (6) アメリカでは、環境政策の決定に際して環境NGOのロビー活動が大きな影響を待つが、日本の環境NGOは歴史が浅くまだ影響力は小さい。

第7章

アメリカ環境保護のキーパーソン

第1節　エレン・リチャーズ

　現在、エコロジーという言葉が多用されている。エコマーク、エコビジネス、エコグッズ、エコストアー等々、これらはエコロジーの頭文字をとって造った合成語である。最初にエコロジーという言葉を造ったのは、ドイツのエルンスト・ヘッケル（1834-1919）である。かれは、進化論で有名なチャールズ・ダーウィン（1809-82）の影響の下に動物学の体系化を企てたが、その中で、従来の生理学や形態学その他の分野のほかに、「動物の無機環境に対する関係および他の生物に対する関係、特に同所に住む動物や植物に対する友好的または敵対的な関係」を研究する分野を認める必要があることを述べ、その分野にËkologieと命名した。この言葉を英語化したものがecologyエコロジーである。この意味でのエコロジーは「生態学」と翻訳されている。

　しかし、現在ではエコロジーは環境保護、自然保護という意味で使われる場合が多い。「エコ」は、「環境に優しい」「環境を破壊しない」という意味として使用されている。このような意味で最初にエコロジーを使ったのは、女性科学者のエレン・リチャーズ（旧姓スワロー）（1842-1911）である。

　リチャーズは、1871年にマサチューセッツ工科大学に入学した最初の女子学生であり、アメリカ初の女性自然科学者となった人である。

　当時のアメリカは1865年に南北戦争が終了、その後、大陸横断鉄道が開通し、全土が開発に沸いていた。産業技術は飛躍的に進歩したが、上下水道等の生活インフラの整備は遅れ、廃水が家庭用の給水に流れ込むことも珍しくなかった。それなのに、汚水が人間にどのような影響を及ぼすのかさえ、ほとんど意識されていなかった。

　女性が教育を受ける必要はないと考えられていたこの時代に、彼女が研究

対象として選んだのが生活環境であった。最初に行った水の分析が、環境の変化に対して目を開かせるきっかけとなった。リチャーズはコツコツと分析を続けることにより、水と空気がいかに人間の健康に重要であるかを科学的に追究した。

例えば、人間が1日に呼吸する空気の平均量を求めて生涯の呼吸量を計算し、空気中に含まれる微量の有害物質が、人間にどのような影響を与えるかを発表した。こうした体内蓄積の危険性が明らかにされたのは、ずっと後の時代である。

さらに彼女はあらゆる生活要素の分析を行い、人間を取り巻く環境と健康との因果関係を重視した科学を「エコロジー」と名づけ、それが日常生活の科学であることを主張した。ただ、今世紀になって「生態学」が成立し、学会まで作られるようになって、リチャーズの「エコロジー」概念は忘れ去られていき、彼女は、家政学（Home Economics）という形で新しい学際的学問を構築していった。そして、「自分が使う肉や野菜の栄養価について、未だ、汚れた水や空気の危険性について私たちは何もわかっていない」と語り、家事をする者（当時は女性）は、家庭を守るために科学を学ばなくてはいけないと説いた。

「きれいな空気を吸いましょう」「きれいな水を飲みましょう」「体に良い物を食べましょう」と主張した。

さらに、食品研究所を設立し、栄養価や調理法を研究して、体に良い食べ物は何であるかを紹介した。食品、燃料等、生活に必要な品々の質と経費を1セントまで計算し、家事に要する時間はどのようなバランスが好ましいか、秒単位で細かく計算した。こうした研究結果から、合理的・科学的でエコロジーを意識した生活をしようと訴えた。

また、彼女は、人間が環境と調和して生きていくことを扱う学問として、「優境学（Euthenics）」を提唱したが、彼女が目指す学際的な学問は、専門分化しさまざまな分野が制度化していく時代にあって認められなかった。

第2節　レイチェル・カーソン

1929年、リチャーズが力を注いだ研究所の一つ、ウッズホール海洋研究

所を1人の女性実習生が訪れた。海の生物に魅了されたこの人こそ、後に環境問題のバイブルといわれる『沈黙の春』を世に送ったレイチェル・カーソン（1907-64）である。

　この本は、農薬の自然環境や人間に及ぼす影響について告発し警告を発した最初の本であった。その一部を紹介する。

　アメリカの奥深くわけ入ったところに、ある町があった。生命あるものはみな、自然とひとつだった。町のまわりには、豊かな田畑が碁盤の目のようにひろがり、穀物畑の続くその先は丘がもりあがり。斜面には果樹がしげっていた。春がくると、緑の野原のかなたに、白い花の霞がたなびき、秋になれば、カシやカエデやカバが燃えるような紅葉のあやを織りなし、松の緑に映えて目に痛い。丘の森からキツネの吠え声がきこえ、シカが野原のもやのなかに見えかくれつ音もなく……ところが、あるときどういう呪いをうけたのか、いままで見たことも聞いたこともないことが起こりだした。若鶏はわけのわからぬ病気にかかり、牛も羊も病気になって死んだ。どこへ行っても死の影、……自然は沈黙した。アメリカでは、春がきても自然は黙りこくっている。

　この本は、わずか2,3の雑草もはびこらせないため、わずか2,3の昆虫を殺すために大量に散布された除草剤や殺虫剤が多数の益虫を殺し、さらに鳥や魚、動物までも殺してしまうことを科学的データにもとづいて警告した最初の書であった。撒布剤、粉末剤、エアゾールというように、地表に毒の集中砲火を浴びせれば、結局、生命あるものすべての環境が破壊されるこの明白な事実を無視するとは、正気の沙汰ではなく、殺虫剤というが殺生剤と言ったほうがふさわしいと彼女は主張する。
　自然を征服するのだとしゃにむに進んできた私たち人間は、自分たちが住んでいるこの大地をこわしているばかりではなく、私たちの仲間—いっしょに暮らしている他の生命にも破壊の鉾先を向けているのだと鋭く彼女は指摘する。
　1962年に出版されたこの本は、発売と同時に大きな反響を呼び、半年で50万部を売り尽くすというブームとなった。当然、化学産業界を中心とし

た反発が起き、『沈黙の春』は非科学的だと非難された。また、「カーソンはヒステリックな女性だ」と個人的な攻撃も受けた。著名な化学者もずいぶんとカーソンを批判したのである。

だが、4年間、アシスタントとともにじっくりと調べ上げたデータは正確だった。1年もたたないうちに反論はほとんど姿を消し、政府も『沈黙の春』で指摘された問題点の改善に乗りだし始めた。ケネディ大統領もこの本を読んで感激し、すぐにホワイトハウスで環境保全会議を開いた。そして自らも夏を過ごすマサチューセッツ州のケープコッドを国立海岸に指定するなど、環境保全に力を入れた。また、この本の警告に沿ってDDTやBHCの製造禁止を打ち出した。

第3節　ラルフ・ネーダー

1　ラルフ・ネーダーとは

ネーダーは1996年、2000年のアメリカ大統領選に環境保護を最優先に掲げる緑の党より出馬した。特に2000年の選挙では、アラスカ州で10％、オレゴン、ワシントン、ミネソタ、ミシガン、メインなど民主党の地盤の11州で5％の得票率を獲得した。

ネーダーはハーバード大学のロースクールを出た弁護士で、消費者運動の旗手として登場した。ジョンソン政権下の1965年、"Unsafe at Any Speed"（邦訳『どんなスピードでも自動車は危険だ』）を発表し、アメリカ自動車産業、特にゼネラル・モーターズ社のコルベア車の安全性を取り上げ、企業の利益優先の姿勢や人命軽視の自動車設計を鋭く追求した。この本はベストセラーとなり出版された翌年に、「交通および自動車安全法」が議会で成立する直接のきっかけとなっている。

専門的な助手を抱えたネーダーのグループは、ネーダーズレイダーズ（Nader's Raiders ネーダー突撃隊）とよばれ、その他にもパイプラインの安全性、乳児用食品、水銀中毒などさまざまな問題に関する研究報告を発表した。また、彼はその後1972年にパブリックシチズン（Public citizen）という消費者団体を組織し、消費者運動を広げている。こうした運動が議会を動

かし、自動車の安全基準や消費者保護、食品衛生などの法律が次々と制定される原動力となったのである。現在でもパブリックシチズンは大きな影響力を持っている。たとえば大統領候補のブッシュ氏やゴア氏に環境政策についての鋭い質問状を出し環境政策を提言している。また、2000年8月に起こったフォード車エクスプローラーに装着されたブリジストン・ファイアストン（日本のブリジストンタイヤの子会社）製タイヤ欠陥問題でも消費者サイドに立って、企業を鋭く追求している。

2　ラルフ・ネーダーの生い立ち——揺籃期

　ラルフ・ネーダーは、1934年2月27日コネティカット州ウィンステッドに生まれたネーダーの父ネードラと母ブジアーヌは、レバノンから1925年にアメリカに移住してきた。夫婦の生業は食料品店であり、後にはレストランを開店している。ネーダー一家には、末子のラルフ以外に、2人の姉と1人の兄が生まれた。家業を継いだ兄以外は総て大学院を修了し、姉2人は、社会学と人類学の学者になっている。両親は敬虔なプロテスタントであり、小学校教育しか受けたことがなかったネードラは、伝統的な移民感覚で、教育こそ成功の鍵であると考えていた。

　またネードラは情熱的な論争家で、町の会合のうるさ型であり、税の引き下げから、コミュニティのカレッジにいたるあらゆる事のために戦った。ネードラは、夕食の食卓ではカレッジのように議長を務めた。

　「父はいつも家族が話し合いをするために仮定の社会問題を提出したものでした」と後に、カリフォルニア大学バークレー校の人類学教授になった姉のローラは述べている。

　ネードラにとって成功とは、必ずしも金銭ではかることを意味せず、同時にそれは人々に奉仕する能力を意味した。彼の見たところ、最高の奉仕が出来る教育ある人間とは弁護士であった。ネードラにとっては、法律は不満を感じている市民に正義をもたらす手段であった。

　「私たちはラルフに、いなかで正義のために働くことが、私たちの民主主義を守ることなのだと教えました」とネードラは述べている。

　後に大企業や行政を相手に不正を暴いていくラルフの行動力の遠因の一つ

は、このような家庭教育にあろう。さらにラルフの相手からの攻撃にも弱音を吐かないタフさの裏には、少数移民民族の屈辱がある。コネチカットの移民先では、イギリス、フランス、ユダヤ系の白人が圧倒的に多かった。黒い髪と鳶色の目、褐色の皮膚のために目に見えない差別を受け、屈辱の涙に暮れたことは想像に難くない。

地元のハイスクールを抜群の成績で卒業したラルフは、1951年ニュージャージー州のプリンストン大学の国際法・国際問題研究部に入学した。彼がプリンストン大学を選んだ理由は、ハイスクールの高学年時代に国際問題に興味を持ち、ロシア語や中国語を学びたがったが、プリンストンはこれらの東洋系の外国語教育が優れていたからだという。

学生時代のネーダーは、図書館の書棚の間に挟まって時を過ごすことが多かったので、プリンストン大学の名物男だった。古くて誰も読まないような社会史関係の本、古雑誌、企業関係の調査報告などを好んで読んだ。中国語にも熱中した。法学の授業は、教科書や講義内容が前もって決まっているので授業には出ず、夜間に自習した。大学時代のエピソードとして有名なものとして、DDT事件がある。大学3年の時、楡の木陰を歩いていた時、歩道一面に小鳥の死骸が転がっているのに気付いた。木にDDTをスプレーした時に巻きぞえをくって殺されたものであった。ネーダーは、大学新聞『デイリープリンストニアン』に抗議とDDT散布反対運動を起こす投書を行った。これは、レイチェル・カーソンが『沈黙の春』を出版する8年も前のことである。しかし編集者はこれを握りつぶす。これを知ったネーダーは、猛然と抗議し、憤慨する。学友にも彼がなぜそのようにエキセントリックになるのか理解できなかった。

 僕は言ってやったんだ。鳥がこういうめにあうなら当然人間にも影響があるだろうって。太いホースでしじゅう木にスプレーされているDDTで辺りはもうもうと煙っているのに、学生達はそれを吸い込んですましている。僕がいくら言ってもわからない。鳥には影響があるかもしれないけれど、人間はべつだって顔をしている。人間にも害があるものなら大学当局がそんな作業をするはずがないという論理なんだ。体制を頭から信じて疑わない例の最たるものさ。

このようにネーダーは、学生時代にすでに環境問題に高い感性を有していたことがわかる。

当時は学生運動がまだ全国的に激化していない時期であり、プリンストン大学では、反抗的な学生を有無をいわせずに放校していた時期である。大学当局からは、反対運動をすれば処分せざるを得ないとほのめかされ、クラスメートも背を向け始める。彼はプリンストン大学を「マグナ・カム・ローディ」（次席）で卒業し、大学卒の優等生で組織される伝統的なエリート集団「ファイ・ビータ・カッパ」入会の鍵を授与された。彼は教授からの誘いがあったがプリンストンにとどまることはせず、弁護士になるべくアメリカ最高の有名校であるハーバード大学のロースクールに入学する決心をする。

ハーバードでは、ハロルド・バーマンについてソビエト法制史を専攻した。そこに彼が発見したのは、程度の差こそあれ、アメリカとさして変わらぬ巨大な官僚機構の支配であった。しかしこのソビエト研究は後にネーダーは共産主義者ではないかという悪質な非難攻撃の材料にされている。

ネーダーは、入学してすぐに学生新聞の『法律レコード』の編集部に加わり、まもなくその1ページを受け持つようになる。2年では編集部長になる。たとえばインディアン保護地区をおとずれショックを受け、6ページ全部をインディアン問題でぶち抜いたこともあった。3年には編集局長に選ばれ、議論を巻き起こしそうな記事をつとめて載せるようになった。移民労働者の不当待遇を始めとして署名記事を書きまくった。そして大学中を走り回り、卒業生までに頭を下げては、納得のいかない数々の迷信を覆してくれる書き手を捜し求めた。たとえばニグロは先天的に劣等人種である等である。1965年、不正や不条理を嗅ぎつけ、文章化する能力はこの編集局時に培われていく。ネーダーは、報道機関をうまく利用して、企業や行政機関を告発する手段を常套とするが、このテクニックもこの時の編集局長の経験が大きく寄与していると思われる。

1965年、ハロルド・キャッツが『ハーバード・ロー・レビュー』に自動車事故の際のけがは、自動車に欠陥があれば自動車メーカーの責任になり、賠償請求出来るという論文を発表した。日本でいういわゆるPL訴訟（製造物責任訴訟）である。（第5項参照）ネーダーはこの論文を読んで感動し、3年次における論文にこのテーマを選び、『アメリカの自動車―死の設計』を

書いている。数少ない友人の一人が自動車事故に遭った末、障害者になり、「運転をあやまったのではない」と語ったこともこの論文を書くもう一つの動機になった。この論文は、Aの成績を得ている。そしてこれが『どんなスピードでも自動車は危険だ』の端緒になったと言えよう。このようにネーダーの自動車の安全性や欠陥、メーカーの責任についての資料収集は、ハーバード時代にすでに開始されていたのである。

3　GM告発から消費者運動、反公害運動の旗手へ

1958年にハーバードを卒業し、その半年後陸軍に半年間入隊する。除隊後、コネチカット州に帰ってハートフォードで法律事務所を開く。この頃、近くの自動車事故の現場には、必ず、悲しげな眼差しで事故原因を調べる長身のネーダーの姿があったという。

1964年、再選されたジョンソン大統領の政策ブレーンのモニハンに請われ、ワシントンに赴き、労働次官のコンサルタントに就任する。ここで1年回かけて、「ハイウェー安全に対する連邦政府の活動の背景、現状及び望ましい将来の方向に関するレポート」を書き上げる。この背景には、アメリカのモータリーゼーションによる、死者の激増がある。1959年に商務省が1975年に交通事故による死者が5万人を越えると発表したが、60年代の前半にはすでに死者が5万人に迫っていたのである。

1959年、ゼネラルモーターズ社（GM）は、アルミ製の空冷エンジンを搭載するFR車である、コルベアを発売する。コルベアは発売直後から事故を多発していた。コルベアの事故で一瞬にして夫と子供を失った婦人をはじめ、幾多の悲劇がこの車から生まれた事実をつきとめたネーダーは、1965年春に報告書を完成後、すぐにコルベア告発の書『どんなスピードでも自動車は危険だ』の執筆に取りかかった。1965年11月、この本は完成し、ニューヨークのグロスマン社から出版された。新聞はこぞって、この本を大々的に紹介したのであるが、以外にも一般の反響は少なかった。奇しくもカーソンの『沈黙の春』と似たような運命を辿るのである。

GMは、躍起となって、ネーダーとこの書物の評判を落とそうとした。私立探偵や殺し屋がネーダーの身辺に迫る。甘い罠も仕掛けられる。大きな荷

第 1 部　環境問題と環境保全の歴史

物を抱えたブロンドの美人に、「とっても重いの。アパートまで手を貸してくださらない？」と話しかけられる。もし手を貸してアパートの部屋に入ったら隠しカメラが、彼のスキャンダルを実証する手はずであった。手を変え品を変え、脅迫や誘惑が彼を襲いかかる。彼の日常生活が徹底的に調査される。しかし、安アパートに住み、女性問題は全くなく、酒・タバコはやらず、1 日 2 食のつつましい食生活を送り、敬虔なプロテスタントという完全なストイックな生活を送る彼にスキャンダルを見つけることは出来なかったのである。彼はこれらの陰謀が GM によるものであることを突き止め、この事実を暴露する。その結果、1966 年 3 月 22 日米国議会において、GM のローチェ社長が、この無名の一青年に深々と頭を下げて謝罪し、この光景が全米にテレビ中継されたのである。この事によってネーダーは一躍アメリカのスターになるのである。この後『どんなスピードでも自動車は危険だ』は爆発的に売れ、45 万部を突破する。ジョンソン大統領は同年、ネーダーの報告書に基づいて、国家交通自動車安全法や道路安全法に調印せざるを得なくなる。これらの法律は、1968 年の新車から、安全強化の措置としてハンドル部門の衝撃エネルギー吸収能力を大きくし、さらに安全ベルトの取り付け、ダッシュボードやウィンドーシールドの改善などを義務付けたものである。さらに自動車のデザインは連邦政府の規制下におかれるようになる。また、ネーダーが提案した他の法律である、食肉衛生法、自然ガス・パイプライン安全法、放射能取締安全法、家禽衛生法が議会を通過し、ジョンソン大統領が調印した。

　1968 年夏、彼は、印税で得た金を元にネーダーズレイダーズを組織する。消費者リヴ・反公害の為の突撃隊である。最初 7 人の学生にすぎなかったこの若きグループは、1969 年になると公募され、100 人を越える学生、大学院生のエネルギーを結集した力となる。この年、彼らは、夏休みを返上して班を作り、六つの政府機関にしぼって、徹底的に調査し、分析し尽くしていった。ネーダーグループの運動方針の中軸は、汚染を防止する技術を採用する事を企業に強制する法律を作らせ、その実施を監視することである。

　政府は口先では公害追放や消費者保護を言いながら、市民の真の願いを法案に取り入れず、しかもその法律すら実施に当たっては抜け穴だらけで何の力も持たない、とネーダーグループは主張する。彼らはこの事実を科学的、

技術的に調査し、説得力をもつ実例を突きつけて鋭く追求していく。1969年の調査結果は、ネーダーレポートとして出版された。『大気汚染』『食品・薬品』『交通』『殺虫剤』『職場傷害』『水質汚濁』『欠陥車』である。これらは、消費者、市民の絶賛を博し、たちまちベストセラーとなった。これらの本は、それぞれの分野における強力な規制を求める世論形成に大きく寄与した。その結果、1969年5月、GMは遂にコルベアの製造中止においこまれる。さらにネーダーは、1969年秋から、GMに対して1株運動を展開する。1970年、ネーダーがGMの陰謀に対して起こしていた賠償要求請求裁判に対して、GMはついに和解を申請し、ネーダーに28万ドルという巨額の賠償金を支払う。ネーダーはこの金を資本にGMが公約通りの安全車を作るかどうかの追跡調査や監視を目指す公益調査グループをワシントンに設立する。さらにGM以外にも調査対象を拡大した公益調査グループをオレゴン州やミネソタ州に多数組織する。1971年には、現在でも企業告発や環境問題に活躍し、強力な影響力を持つ「パブリックシチズン（PC）」を設立する。このようにしてネーダーは1960年代の後半から世間に知られるようになり、企業告発と環境保護の旗手として一躍時代の寵児となっていく。

4　ネーダー出現の時代背景

ネーダーが、プリンストン、ハーバードで学び、『どんなスピードでも自動車は危険だ』を出版した1965年までは、黒人差別が多く残っていた南部では公民権運動が吹き荒れた時代でもあった。1963年8月、各地で差別反対運動を続けていた黒人運動の諸団体は、奴隷解放100周年を記念して運動のエネルギーを結集するため、ワシントンに支持者を結集し、人種差別の全面撤廃と強力な公民権法の制定を求める大規模なデモと集会を開催した。白人の市民や労組員も多数加わり20万人が参加し、終始平和的に行われたこのワシントン大行進は、全米にテレビ中継されて国民に大きな感銘を与えた。ケネディ大統領は、強力な公民権法を提出する。これは、交通機関、公共施設における差別を一律に禁止し、黒人の投票権に対する妨害の排除を規定した60年公民権法の規定を強化し、人種統合教育を拒否する公立学校に対して政府が訴訟を起こすことを規定し、さらに差別が行われている地域に

対する各種の連邦政府の財政援助をうち切る措置を盛り込んだ前大統領アイゼンハワー政権下の公民権法よりもはるかに強力なものであった。この法案は、1963年11月のケネディ暗殺後、ジョンソン大統領に引き継がれ、1964年7月に成立する。ジョンソン政権は、ケネディ路線を引き継いで公民権問題や貧困対策など黒人の社会経済的地位の向上の為に積極的な姿勢を示し、1965年11月には、新公民権法を成立させる。この法律は、黒人が選挙登録する際の差別の手投となっていた南部諸州の文盲テストを廃止し、選挙登録と投票を監視するための連邦検察官の派遣を定めた画期的なものであった。

このようにして1964年、1965年の両公民権法の成立によって、公民権運動は一応の目標を達成することになる。公民権運動は、全国的にも雇用の上での人種差別の撤廃や平等化へ向けての社会改革を促した。さらにアメリカ社会に不正と矛盾が存在していることを国民に例示し、各種の変革運動、反体制運動の発生を促したという意味でもこの時代の政治、社会変動の一因になったといえよう。

ネーダーは、直接公民権運動にタッチしたわけでないが、自身がレバノン系の移民であり差別を受けた経験から、黒人差別にたいしては、十分な理解と同情を持っていた。GMに対しておこした一株運動では、株主総会で、GMの24人の重役のうち1人の黒人もいないことを指摘し、結局黒人の重役を迎え入れることに成功している。

大学のキャンパスに目を移すと、1960年に「学生非暴力調査委員会（SNCC）」が結成され、1961年以降は、ケネディ大統領の理想主義的な呼びかけもあって、北部や西部の大学から白人学生が学業を中断し、又は夏休みを利用して南部に赴き、暴力の危険に身をさらしながらSNCCの黒人有権者登録運動や地域組織活動に従事した。また公民権運動の行動主義から大きな刺激を受けながらも直接それには参加せず、アメリカ政治の多面的かつ根本的な変革を目指す新しい政治急進派のグループも誕生した。旧左翼の教条主義や非行動性を批判して生まれた「民主社会の為の学生達（SDS）」などである。しかし各派の共闘関係を深め、一般学生の抗議運動への参加を飛躍的に拡大する一大契機になったのが、ヴェトナム反戦運動である。

選抜制徴兵制が強化され、学業半ばで兵士としてヴェトナム戦争の前線に送られる危機に直面した学生達は各地のキャンパスで反戦集会を開いた。

第 7 章　アメリカ環境保護のキーパーソン

SDS、ヒッピー、平和主義者、リベラル左派などが反戦運動に加わった。学生、市民、急進派、穏健派の様々なグループの連絡調整機関として、「ヴェトナム戦争集結動員委員会（MOBE）が結成された。MOBE は、1967 年、4 月と 10 月に戦争政策に抗議する全国統一行動を組織した。4 月にニューヨークとサンフランシスコで開催された集会とデモは、合計 32 万人という反戦運動史最大の参加者を記録し、運動の基盤が大衆に拡がっていった。また 10 月に行われたワシントンの反戦集会には全国から 10 万人が集まり、ペンタゴンに激しいデモをかけ、運動が急進化しつつあることを示した。1968 年の大統領選挙は、民主党から反戦候補としてユージン・マッカーシー、さらにケネディ前大統領の弟のロバート・ケネディが出馬したのでジョンソン大統領は再出馬を断念し、北爆の部分的停止を表明せざるを得なくなった。ロバート・ケネディは、暗殺の凶弾に倒れ、結局共和党のニクソンが大統領に選出される。即時全面撤兵を主張する反戦運動に対して、ニクソンは、1969 年、ニクソンドクトリンを発表し、ヴェトナム戦争で米軍が担ってきた役割を南ヴェトナム軍に肩代わりさせつつ撤兵する政策をとる。1970 年の一般教書では、他国の防衛と発展は一義的にはアメリカが引き受けるものではないことが強調され、アメリカは条約上の約束は守るが他国の問題への介入や参加は縮小することが宣言された。1972 年 2 月ニクソンは、北京を訪問し米中国交正常化を画策し、北ヴェトナムを牽制し、1973 年 3 月ヴェトナムからの完全撤兵を果たす。

　以上見てきたように、ネーダーが活躍を始める 1970 年までは、公民権運動さらにヴェトナム反戦運動と、第二次世界大戦後繁栄を極めるかに見えたアメリカ社会の矛盾が噴出した時期である。ネーダーはプリンストンの学生時代に、DDT 問題を学友に訴えるが理解されず、屈辱を味わっている。しかし、ヴェトナム反戦運動がさかんになると、多くの学生が学生集会に参加し、政府や大学への抗議が一般になる。このような騒然としたキャンパス内において、反戦運動には躊躇を覚えるエリート大学の学生達も、利益のみを優先し人命を二義的に考える大企業やそれと結託する政府機関には、抵抗なく抗議出来たのである。

　ネーダーは、GM の一株運動を展開するに当たって、GM の大株主でもある、ハーバード大学、マサチューセッツ工科大学、エール大学、コロンビア

大学、スタンフォード大学、ミシガン大学、ペンシルバニア大学等の各大学を説得すべく遊説の旅に出るが、キャンパス内では学生に熱狂的な歓迎を受ける。過激派には批判的なエリート学生達もネーダーを支持せよとピケや座り込みで大学当局に圧力をかける。1969年に、ネイダーズレイダーズの第1期生公募には2000名以上の学生が応募してきたのである。ネーダーは、このうちから102名を厳選して、3項で述べた政府機関の徹底調査を行うのである。

　1970年代前半になると、ネーダーの運動を支持する学生によって全米の20数カ所に「公益利益調査グループ（PIRG）」が組織され、さらに家庭の主婦等も加わった「市民行動グループ（CAG）」、さらには、公害による健康被害を調査する「健康調査グループ（HRG）」も各地に生まれて、他の消費者や環境保護グループと情報を交換したり、法律上の援助を提供するようになった。そして全国のこれらの活動グループを統括する組織として、「パブリックシチズン（PC）」が立ち上げられ、活動の連絡、調整にあたる本部事務長が首都ワシントンに設置された。ここにネーダーの企業告発型の消費者運動の全国情報網が完成したのである。

5　環境問題の台頭── 1960年代後半

　4項で述べたように、1960年代は、公民権運動とヴェトナム反戦運動でアメリカ社会の矛盾が噴出した時期であった。しかし1965年の公民権法で法的には黒人差別は解消した。さらに1969年のニクソンドクトリン発表でヴェトナム撤兵にも見通しがついた。したがって白人の運動家達は、環境問題に精力を注ぎ始めるのである。その端緒になったのが、1962年のカーソンの『沈黙の春』であり、さらに大きなインパクトを与えたのがネイダーズレイダーズの『大気汚染』『食品・薬品』『殺虫剤』『水質汚濁』等の一連の環境汚染レポートである。環境問題を訴える世論によって、1970年の元旦、ニクソン大統領は「国家環境政策法（NEPA）」に署名した。この法律は、連邦政府が政策実施に当たり、次の6項目を考慮すべき責任があるとするものである。
　（1）　次世代の受託者としての責任を遂行すること。

(2) 国民に安全、健康、生産的、快適な環境を確保すること。
(3) 環境悪化を招かないような環境の有益な利用を行うこと。
(4) 国民遺産を保存し、個人の選択の多様性と相違性を支える環境を保持すること。
(5) 人口の資源利用間の調和をはかること。
(6) 資源の再生、再利用をすすめること。

さらに連邦の事業、補助金拠出事業、許認可事業等の連邦行為に、環境アセスメントを義務づけた。

1970年4月22日に公害防止、自然保護など環境保護をテーマに全米で大規模なデモが行われ。「アース・デー」と呼ばれたこのデモは、全米1500の大学、2000の地域、1万の学校で集会がもたれワシントンに向かって行進が続けられた。ニクソン政権はこのアース・デーに12万5000ドルを援助した。それまで環境に関心を示さなかった層も環境保護の重要性を認識するようになった。これを期に環境NGOへの入会も相次いだという。この年の12月には大統領令で「環境保護局（EPA）」を設置した。EPAは、1970年には、大気環境基準を設定し、有害物質の排出を許可制にし、自動車からの排ガスの90％削減を要求する「改正大気浄化法」を導入した。1972年には、DDTを禁止し、強力な環境政策を推し進めていくことになる。さらに同年、ニクソン大統領の拒否権を覆し、議会は総合的に水質汚染を規制する「改正連邦水質汚濁規制法」を通過させた。これらの法律の制定には、ネーダーグループの『大気汚染』『水質汚濁』『殺虫剤』等の環境汚染摘発本による世論形成やグループのネットワークが大きく寄与したことは言うまでもない。

6　ネーダーと新しい消費者運動

ネーダーは、何万人もの人々が消費者や幅広い公共の利益の為に政府を調査しこれに挑戦するシステムを作り出すことに成功した。ネーダーは、報道機関を頼りにすると同時に、うまく利用した。しかし彼の戦術は、厳密な分析――政府と企業に関する有罪を証明する事実の収集――であった。ネーダーの調査は、常に大部分のアメリカ人が共有する価値観――正直と素直、

公平な扱いと人間生活の尊重——に従ったものであった。そしてショッキングな暴露によって繰り返し大企業や政府を窮地に陥れた。彼にそれらの情報を与えるのは、ネーダーの正義感に全幅の信頼をよせる、企業や政府内のホイッスルブローワー（内部告発者）である。ネーダーは、パブリックシチズン等のネットワークを通じてホイッスルブローワーが、内部告発しやすい環境を作り上げたのである。後には、告発者の人権を養護する「ナショナル・ホイッスルブローワー・センター」も設立される。

ネーダーの運動の特徴は、消費者運動の垣根を越えて環境保護団体を始めとする他の問題領域の市民運動と幅広く連携し、市民運動全体に法律上の知識や政府・企業の動きについての情報を提供する全国情報センターの役割を果たすようになったことである。

ネーダーは、このように内部告発型の消費運動を行い、企業訴訟を起こしていくのであるが、この背景にはこの様な訴訟を容易にする、企業に対する厳格責任を認める判例が1963年にすでにカリフォルニア州で出たことが背景にある。以下にこの事件と厳格責任について説明する。

グリーンマン氏が、ユバ・パワープロダクト社製の電動工具を使って木工作業をしていたところ、加工中の木片が工具から離れて飛び、額を直撃したために重傷を負った。彼はこの工具の接続部には問題があり、そのために使用中の振動で木片が飛び出すという設計上・製造上の欠陥があると主張して、電動工具の製造メーカーとそれを販売した小売業者を訴えた。従来の伝統的な理論では、メーカーや小売業者と直接の契約関係がないグリーンマン氏は、被告であるメーカー等の不法行為責任を追及する場合、彼らの過失を証明しなければならなかった。しかし、一審の陪審はメーカーに過失があったかどうかを明らかにしないまま、メーカーに6万5000ドルの賠償を命じる評決を出し、一審裁判所はこの通りの判決を出した。このため、この判決を不服としたメーカーはカリフォルニア州最高裁に控訴した。これに対し、カリフォルニア州最高裁のトレーナー判事は、「製造者が、市場に出した自分の製品が検査されずに使用されることを知っていて、かつ製品に欠陥があってそれが人の身体に損害を与えた場合には、製造者は不法行為上極めて厳格な責任を負っている」との考えを示し、被害者としては、以下の2点を証明すれば、製造者の過失を証明する必要はないとした。

(1) 製品に欠陥が存在したこと。
(2) その欠陥によって損害が生じたこと。

この法理は「過失」の有無に関わらず製造者に責任を負わせる「無過失責任」であるが、一般的には、裁判所が述べた言葉を使って「厳格責任」と呼ばれている。この厳格責任の法理は、カリフォルニア大学のプロッサー教授が起草した1965年の第二次不法行為リステイトメントに、402条Aという形で採用された。リステイトメントとは、アメリカ法律協会が法律の各分野における第一人者に依頼して、過失に出された判例を主要な法律の分野ごとに整理して、それを条文の形に記述して注釈と例をつけて編纂したものである。リステイトメント自体は法律ではないので法的拘束力はないが、裁判官等がこれを参考にして判決を下すので、非常に高い権威が認められている。リステイトメントに採用されて以降アメリカでは厳格責任の法理が一般化する。

これ以後、製品の欠陥が原因で人や物に損害が生じた場合に、その製品のメーカー等が被害者に対して負わなければならない損害賠償責任のことを製造物責任（Product Liability）と言うようになった。我が国では一般にPLと言われ、このような訴訟をPL訴訟と言う。

ネーダーはこの、リステイトメント402条Aをフル活用して欠陥商品訴訟、つまりPL訴訟を繰り広げていくのである。さらにアメリカでは、懲罰的賠償が認められているので、企業が欠陥であることを知っていながらそれを隠蔽して、製造していたような場合は、懲罰の意味で莫大な損害賠償を課すことが出来るのである。したがって、メーカーが欠陥を知っていたという事実を証言できるホイッスルブローワーがいれば、確実に勝訴出来るし、莫大な懲罰的賠償を得ることが出来るのである。したがってホイッスルブローワーの存在は企業にとっては、非常な脅威になるのである。ネーダーはこれを戦略に取り入れて、企業に迫るのである。したがってアメリカでは、人体に悪影響を与える商品には総てPL訴訟を起こすことが出来るのである。さらにPL訴訟が相次いで提起されることは、政府の政策が変容を迫られる結果をもたらすのである。自動車による大気汚染も自動車の欠陥とみなせば前述の「大気浄化法」を成立させざるを得なくなるのである。DDTの人体への健康被害を考えれば禁止せざるをえなくなるのである。

さらにネーダーは、1974年から原発問題の重要性を認識し、PL訴訟の手法を原発にも適用する。さらに環境保護グループに呼びかけてアメリカでの初の原子力発電に反対する全国集会を開催する。1970年代後半になると、環境保護運動とネーダーの消費者運動が共通の課題として原発反対を唱え、反戦平和団体が反核兵器の立場からこれに合流する。これらの原発反対の世論の盛り上がりによって、原発建設地で地域住民の反対運動が起き、米国では原発の建設が進まない状況になっている。さらに、原発以外の企業による環境破壊や環境汚染にも鋭い追求を続けている。

7　ネーダーが日本に与えた影響

　水俣病、新潟水俣病、四日市喘息、イタイイタイ病など日本の戦後の工業化政策と共に生じた健康被害に対して、1967年から1969年にかけて4大公害訴訟が起こされた。全国の反対公害運動と公害訴訟を受けて国は、1967年に公害対策基本法を制定する。しかし、大気汚染、光化学スモッグ、赤潮の発生など公害は深刻化、複雑化する。この事態に対して、1970年11月に臨時国会（別名公害国会）が開催され、公害対策基本法に付されていた経済調和条項の規定が削除され、「国民の健康を保護する」ことが明確化された。また公害概念を拡大し、従前の大気汚染、水質汚濁、騒音、振動、地盤沈下、悪臭の6典型公害に、土壌汚染が加えられた。そして公害とは、事業活動その他の人の活動に伴って生じる相当範囲にわたる大気汚染、水質汚濁等によって、人の健康、生活環境に被害が生じる場合であると定義しそれぞれについて規制法が定められた。このように反公害の機運が最高に達した1971年1月にネーダーが来日するのである。

　1971年1月13日から17日までわずか5日間であったが、消し去ることの出来ない足跡を日本に残した。彼は、日本に着いた翌日の早朝から東京湾に船を乗り出して、汚染を観察した。日本鋼管をはじめ、川崎の工場の煙や排水口を海から調査したのである。同日午後の有楽町講演会場は、早朝から長蛇の列で取り巻かれた。汚染の調査後、会場に駆けつけたネーダーは立錐の余地もない聴衆に語りかけた。

公害企業に対して、強力な制裁の責めを負わせるのを、これ以上遅らせてよいのでしょうか。公害企業のもたらした環境破壊によって、被害者のみならず加害企業も破滅する事態がやってこようとしています。

彼は、講演で公害追放運動、消費者運動のポイントを次のように指摘した。
(1)　企業や政府機関の情報を収集する。情報なくして発言はない。
(2)　マスコミと連携する。
(3)　公害に対して企業がどのように取り組んでいるかをマスコミに発表する。
(4)　専門家と一般大衆を結びつける機関を組織する
(5)　企業内にホイッスルブローワーを組織する。
(6)　ホイッスルブローワーは、自分の属する機構の利益と自己の良心との板挟みに苦しむかもしれないが、内部告発は真の意味で企業を救うことになる。

　ネーダーは、自分の戦略を日本にも紹介し、日本消費者連盟などの消費者グループとのネットワークの構築を果たしたのである。日本消費者連盟は企業告発型の消費者運動を目指したもので、ネーダーの影響を強く受けて設立されたものである。ネーダーの来日は、1970年以降の本格的消費者主権確立運動の展開の契機となったのである。行政も消費者保護施策の推進を図り、企業も消費者問題部門をはじめとする消費者関連部門の設置を行うようになる。コンシューマリズム（消費者主権主義）という言葉もネーダーの来日以後、一般化していく。
　ネーダーが、GMにとった一株運動は、チッソ株式会社に対する水俣病患者の戦術として応用された。
　ネーダーの対FDA（食品・医薬局）運動によってアメリカで1969年に使用禁止になったチクロの日本における完全禁止を求めて、1970年春に地婦連、主婦連合会、日本生活協同組合連合会などが行ったチクロ入り食品不買運動もネーダーの影響を受けたものである。また、自動車の安全に関わる、シートベルトやエアバッグなどは、ネーダーが実現させたものであるが、総て日本でも取り入れられた。また2000年に、三菱自動車のリコール隠しが

大きな社会問題になったが、このリコールもネーダーかアメリカで実現させたものであり、この制度も日本に導入されたのである。日本ではまだこの制度が完全に定着していないことをはしなくも示したのが三菱自動車リコール隠し事件である。もしもこのような事件がアメリカで起きたならば、ユーザーからの訴訟が相次ぎ、莫大な賠償金をメーカーは請求される。ネーダーも多くの訴訟を起こして、アメリカの企業の体質を変えさせていったのであるが、日本ではアメリカのような訴訟社会ではないことが、三菱自動車事件のような事件を企業に起こさせた遠因であろう。

　このようにネーダーは、日本にも大きな影響を与えるのである。つまり、単に製品の品質・経済性・安全性を問題にするのてはなく、その背後にある企業姿勢・社会的責任を問題にするようになるのである。そして 1995 年 7 月、アメリカに遅れること 30 年にしてようやく我が国にも製造者の厳格責任を認める製造物責任法（PL 法）が施行されるのである。

　そして、日本の消費者運動も 1973 年の第一次石油ショック以降、ネーダーと同様に環境・エネルギー問題に大きく関わるようになる。

8　保守革命のレーガン政権下におけるネーダーの活躍

　共和党のニクソン政権（1969-74）、フォード政権（1974-77）の後を継いだ民主党のカーター政権時（1977-81）は、多くの消費者運動家を政権に登用した。ネーダーが組織した PC 等の公益団体は、カーター時代までに少なくとも 200 以上の消費者関連法案を生み出していった。しかし次の共和党のレーガン政権下（1981-89）では、環境保護運動は、冬の時代をむかえる。つまりレーガンは次のような政策を打ち出す。

　(1)　環境規制による企業の出費は企業の利益を損なわない範囲で行う。
　(2)　環境保護を理由に経済成長を鈍化させない。

EPA（環境保護庁）などの規制や計画は、公布前に大統領府の予算管理局（OMB）の調査、見直しを受ける。すべての省庁は計画を提案する前に、実施に必要な費用とそれによって得られる利益を分析（コスト・ベネフィット分析）し、利益が勝る場合に実施する事を要求した。いわゆるレーガノミッ

クスの一環である。環境規制に対するホワイトハウスの発言力を強めるとともに、EPA の予算削減も進めた。大統領府にあって環境行政の長期計画を策定する諮問委員会（GEO）は、予算の 80％以上が削減され、職員も 1980 年の 59 人から、1983 年には 13 人にまで削減された。EPA の予算も 7 億ドル以上あったものが、5 億ドル以下にまで減らされ、全職員の 40％が退職するという事態になる。EPA の人事もホワイトハウスに対する忠誠を示す者が起用され、ネーダーの組織する公益団体等も補助金の獲得領を著しく低下させた。

このレーガン政権の保守革命に対して、ネーダーは得意の暴露戦術に出る。『REAGAN'S RULING CLASS-Portraits of the President's TOP One Hundred officials』（邦訳『政権の支配者達』）を 1982 年に出版する。この本は、レーガン政権を構成する主要閣僚とスタッフ 100 人を網羅し、担当する職務の内容、彼らが今日の地位を獲得するまでの略歴、とりわけ一代で巨額な富を築き上げた金脈、そして現在の資産状況を克明にフォローし、性格分析・寸評にまで及んでいる。レーガンの任命した高官の多くが自分たちが取り締まりにあたるべき業界の出身者であり、政府の仕事と私的な立身出世を混同する事を避けられそうにない人物である事をデータを駆使して暴露したのである。そしてこうした権力者達の行動を監視するシステムを良識ある市民の手で作り上げようと呼びかけた。

レーガノミックスが、減税と軍拡を進めその結果として環境関係予算を大幅カットを招いたことは、環境 NPO から強い反発を受けたが、ネーダーのこの告発本は、レーガン政権に対する世論の反発を増幅した。結果としてこの時期に環境 NPO への入会が相次ぎ、各 NPO は飛躍的に会員数を増加させるのである。

9　アメリカ環境保護政策におけるネーダーの位置づけ

アメリカの環境保護を支えているのは、自然保護団体、環境保護団体である。いわゆる環境 NGO である。「原生自然法」を成立させる原動力になったのは、ウィルダネス協会やシエラ・クラブの力が大きいし、DDT 禁止には法律家や科学者の環境 NGO である環境防衛基金（EDF）が活躍した。こ

のように環境に関する法律の制定の陰には環境 NGO のねばり強いロビー活動がある。現在のアメリカの環境 NGO は規模の小さいものまで含めると数万をこえる。連邦政府に一定料金と書類を提出すれば、誰でも非営利団体を作ることができ、減税と郵便料の割引を受けることができる。非営利団体は、労働人口の約 6％を占め、米国経済の主要部門の一つになっている。米国民が非営利団体に寄付した金額は個人所得の約 2％に当たる。

　ネーダーが組織しているパブリックシチズン等は、対象を環境問題のみに絞っていない。企業や政府機関の監視であり、欠陥商品から企業による環境破壊まで扱う対象は広く、消費者や市民保護を対象としている。その手段として、ホイッスルブローワーやマスコミを総動員して、世論に訴え、訴訟に持ち込むという方法を採る。訴訟は、前述のように PL 法による懲罰賠償を用いる場合が多い。アメリカの環境政策が一挙に強化・拡充されたのが前述したように、ジョンソン大統領からニクソン大統領に至る、1960 年代末から 1970 年代前半であった。この時期のネーダーグループの活躍はめざましく、世論の支持を受けて環境 NGO と共に多くの環境法を成立させていく。その後はそれほど多くの環境法はないが、カーター政権下の 1980 年にスーパーファンド法（包括的環境対策保証責任法）が成立した。この法律は、ラブ・カナル事件に端を発している。ニューヨーク市ナイアガラ地区のラブ運河の跡地は、1942 年以降フッカー電気化学会社（現在のオクシデンタル社）が所有して、化学物質の廃棄場として使用していた。その後この土地は埋め立てられ市に売却され、1953 年小学校が建設され、周りには住宅が建設された。しかし、1978 年以降、異臭を放つ汚水が湧き出した。調査の結果、多種類の多量の有毒化学物質が検出された。カーター大統領はラブ・カナル事件が米国史上初の人災であるとの非常事態宣言を行った。そして 239 戸の住宅を買収すると発表した。後には、さらに 564 戸が追加された。

　ラブ・カナルの住民は、健康被害への保証を求めてオクシデンタル社等を提訴した。この訴訟提起に際しては、既存の法制度の下ですでに土地の所有者でない企業の過去の廃棄に対して責任を問うことができるか否かが問題となった。また、ラブ・カナルの浄化についても、同時の法制下では問題があった。これらの実際上の不都合性やラブ・カナル事件の連日の報道により、過去の汚染に対しても責任を負うことができる法律が必要であるとの世

論が全米に拡がっていく。ネーダーもマスコミを通じてこの法律の必要性を力説する。パブリックシチズンも世論形成を後押しする。このようなネーダーやマスコミの大合唱によって、ラブ・カナル事件発生からわずか2年で、スーパーファンド法が成立するのである。この環境法が成立したのは、環境派のカーター大統領の政権下であったればこそであり、レーガン政権下では拒否権でつぶれていた可能性が大きい。この法律を要約すると次のようになる。

(1) EPAは、有害化学物質が捨てられている場所のうち浄化が必要な地域を選定し、企業に浄化を命じる。
(2) 企業の過失の有無を問わない厳格責任主義（PL法の延長）をとり、また遡及効かつ連帯責任で関係者の責任を問う。
(3) 除去のため16億ドルの基金「スーパーファンド」を設立する。その資金は、石油税や特定の化学製品にかけられる税金及び政府予算からの割り当てを積み立てる。

　スーパーファンド法上、汚染施設の現在の所有者・管理者は責任当事者として浄化責任を負うので、米国での物件購入に際しては、環境汚染に関する情報を正確に知り、対処することが必要になった。また、金融機関も予想外の浄化責任を負わされる危険性があるので、融資前もしくは担保権実行前に、何らかの調査を融資先に実施させるか、自ら実施する必要が生じてきたのである。
　具体的には、買い手にとっては、汚染物件の購入を回避したり、汚染が発見された場合に価格の交渉を有利に進めるために、環境監査の実施が必須になったのである。売り手にとっても「有害物質が放出された時点での所有者又は管理者」も責任を負う事になっている。しかし、過去の所有者はわかっても、どの時点で有害物質が放出されたのかは不明である。つまり、過去の所有者は総て責任当事者として責任を追及される危険性をはらんでいるのである。そこで売り手にとって売買契約締結前に、売買予定施設が譲渡の時点で汚染されていなかったことを証拠づける文書を得ておくことは、将来その施設が汚染されていることがわかった場合でも、責任を回避するための有力な証拠となり大きな価値があるのである。企業買収の場合も同様である。こ

れらの環境監査には、環境監査専門のコンサルタント会社があたるようになる。

　スーパーファンド法は、1986年、1990年に強化改正されていく。企業は、日頃から環境対策を心がけ有害物質を出さないことを強いられるようになる。丁度、1980年代になり、地球規模の環境汚染が大問題になってくる。世界における地球環境問題解決の声は、国連環境計画（UNEP）の活動を通じて世界に広がり、1992年にブラジルのリオデジャネイロで環境サミットが開かれる。この会議の成功のために1991年、「持続可能な開発のための産業人会議（BCSD）」が創設され、BCSDにおいて「持続可能な開発」とは何かの議論がなされ、ISO（国際標準化機構）に対して、環境に対する国際規格の制定を依頼する。ISOは、1947年、非政府間組織として設立され、工業製品等の標準化のための国際機関である。ISOには世界160カ国以上が参加しており、国運の諮問的地位を持っている。BCSDからの要請を受けて、ISOは、環境規格であるISO14000シリーズを決定するのである。このシリーズのうち、ISO14001は、企業がこの環境マネジメントの要求次項を満たしているかどうかを、第三者機開が審査し、満たしていればISOが認証を与えるものである。

　現在、このISO14001の認証を得るために、大企業のみならず中小企業までが必死になっているのが日本の状況であることは周知の事実である。しかし、アメリカではスーパーファンド法をクリヤーするために1980年代から環境監査を行わざるを得ず、ISO14001の認証を得ることは環境監査の一環に過ぎず、この認証を得る企業が爆発的に増加したのであった。その結果、取引先の日本企業もこの認証を得ているものが優先されるので、日本企業もこの認証を取らざるを得ないわけである。日本ではアメリカに劣らず、環境問題に対する国民の意識は高いので、ISO14001の認証を得ることが企業のイメージアップにつながるという思惑から、この認証を大きく宣伝する風潮がまかり通っている。

　本来のISO14001は、次のような環境マネジメントシステムである。
（1）　企業活動や提供する製品・サービスが環境へ与える影響を考え、環境関連法規の遵守や継続的な改善、環境汚染の未然防止等を経営者

が方針として定める。これが環境方針である。この環境方針を実行するための計画、つまり環境マネジメントプログラムを立てる。ここまでが PLAN である。
(2) 環境マネジメントシステムに基づいて、環境方針や環境目的・環境目標を達成するために、組織の役割、責任と権限を明確にして社員総てに必要な訓練を行う。組織内の様々なレベル間又は外部の利害関係者とのコミュニケーションの手順、環境にかかわる情報の文書化とその管理の手順を定める。特に環境マネジメントシステムの内容と結果を、第三者にもわかるように残す。ここまでが DO である。
(3) 環境に著しい影響を及ぼす工程等を日常的に監視し、管理する手続きを決めること。さらに目的と目標の達成状況、監視及び測定機器の校正、法規制の遵守状況などを監視し、管理する手順を定める。ここまでが CHECK である。
(4) 組織が決めた環境マネジメントシステムの適合性と有効性を、一定期間ごとにチェックし、経営者が環境活動全体の妥当性を見直すこと。必要であれば環境方針にまでさかのぼって見直しを行う。ここまでが ACT である。

この、PLAN、DO、CHECK、ACT のサイクルを、PDCA サイクルと言うが、このサイクルを繰り返して継続的改善を行う。

この ISO14001 がうまくいけば、企業の環境汚染や環境破壊は無くなるはずである。ネーダーは、営利のみを追求し、安全性を無視し環境汚染を行う企業の姿勢を批判し続けてきた。そのような企業をなくす為の一歩がこの ISO14001 であるといえよう。ネーダーの求める企業倫理と ISO14001 が求める企業による環境保全の継続的改善の理念は一致している。ネーダー等の企業追求の成果と環境重視の世論がこの規格を生んだ遠因といえよう。しかし、この規格は、環境保全のために継続的改善を企業にもとめており、ISO14001 の認証を取得しただけでは、環境保全の入り口に立っただけにすぎない。したがって、環境保全を怠る企業へのネーダーの追求は止むことはないのである。

次項では、いままで論じてきたネーダーとアメリカの環境政策等の関係を

第1部　環境問題と環境保全の歴史

箇条書きにしてまとめとしたい。

10　まとめ

(1)　若干32歳の青年弁護士ネーダーは『どんなスピードでも自動車は危険だ』を出版し、GMの欠陥車問題を扱う過程で、1966年、議会の公聴会においてGM会長ローチェを謝罪させたことで一躍注目をあび、彼はマスコミの寵児になる。

(2)　1965年、リステイトメントに、商品メーカーに製造物責任（PL）が判例として掲載され一般化していく。このPL訴訟を駆使して企業を追求することが出来たことがネーダーにとっては大きな追い風となった。

(3)　1960年代は、公民権運動、ヴェトナム反戦運動が頂点を迎えた時期であり、社会的な矛盾に抗議する風潮が学生や市民に芽生えていた。これらの運動には、二の足を踏んだエリート学生も、利潤追求のみに走り安全性や環境破壊をなおざりにする企業追求には容易に入っていけた。ネーダーはこれらの正義感に燃える学生達を組織することによってネイダーズレイダーズを結成し、さらに一般市民も巻き込んで、全国的な消費者組織パブリックシチズン等の公益団体を作りあげ、全国的なネットワーク形成に成功する。

(4)　一株運動、ホイッスルブローワーの組織化、マスコミへの暴露などの様々な戦略を取り、マスコミを利用して企業や政府機関の不正を暴いていく。

(5)　ネーダーの関心は、欠陥商品の追求のみならずその奥にある企業や政府機関の姿勢に向けられている。『大気汚染』『食品・薬品』『交通』『殺虫剤』『職場傷害』『水質汚濁』『欠陥車』など、彼は多様な分野の告発本を出版しているが、特に環境破壊・汚染に対する関心が強く、汚染する企業とそれを放置する政府機関を攻撃する。

(6)　ネーダーの『大気汚染』『水質汚濁』『殺虫剤』等の環境汚染摘発本やパブリックシチズン等の公益団体ネットワークは、規制強化の世論を盛り上げ、大気浄化法の強化改正、連邦水質汚濁法の強化改

正、DDT の製造禁止等の環境法の制定、強化を勝ち取っていく。

(7) ネーダーは、1970 年半ば以降、環境保護運動と連帯して原発問題にも取り組み、アメリカでは原発の建設が進まない事態となっている。

(8) アメリカの多くの環境 NGO とは異なり、ネーダーの基本はあくまでも企業・政府機関の告発であり、環境問題への取り組みはその一環である。

(9) 企業に環境保全を求めるネーダーの追求は、ラブ・カナル事件による 1980 年のスーパーファンド法成立と合わさって、企業の環境監査の実施を不可避とした。これはさらに企業の環境マネジメントシステムである ISO14001 の認証獲得につながっていく。

(10) ISO14001 の認証獲得による企業の環境保全の継続的改善は、ネーダーの企業倫理に合致する。しかし、環境保全を怠る企業に対する追求は止むことがないであろう。

(11) ネーダーは日本にも何回も来日し、日本の消費者運動に大きな影響を与えた。日本消費者連盟は、ネーダーの内部告発型消費者運動をめざして作られた。日本の消費者運動もネーダーと同様に環境エネルギー問題にも取り組んで活動するようになる。さらに、ネーダーが活動の根拠にした PL（製造者責任）は、日本でも取り入れる要望が強かったが、1995 年 7 月にようやく製造物責任法（PL 法）として施行された。

第8章

日本の環境汚染と環境保護の歴史

第1節　鉱山による環境汚染

　我が国において環境問題の歴史を見ると、明治期以前に国の主要産業に成長していた銅鉱山に関連した被害事例を見出すことができる。明治時代に入ると、これらの鉱山での生産規模は急速に拡大し、鉱山からの排水（金属イオン含有）や製錬に伴う排煙（高濃度のSO_2を含む）による被害もそれとともに大きくなっていった。このような鉱害事件の具体例を次に示す。

　まず、1690（元禄3）年に宮崎県土呂久鉱山の煙による被害が最初の記録とされている。また、1610（慶長15）年に発見された足尾銅山は1877（明治10）年古河市兵衛が譲り受けてから発展し、製錬過程で生ずる亜硫酸ガス（SO_2）が付近の山の樹木を枯らしてしまい渡良瀬川上流の松木村では1889年に養蚕業が不可能となり、農作物にも被害を受けて生活できなくなった。さらに、この煙害と薪炭のための伐採により山々は裸になり、1889（明治22）年以降洪水が頻発し、渡良瀬川一帯の耕地を不毛の地に変えた。1890（明治23）年以降その被害が深刻になり、地元の農民運動が激しくなった。当時、地元選出の衆議院議員であった田中正造は、その運動を支援し、国会で政府に対策を迫り、議員を辞職して天皇への直訴を試みたがその成果は上がらなかった。しかし、大きな社会問題として全国に知られるようになったことから我が国の公害第1号とも呼ばれている。この事件の解決は非常に長引き、1974（昭和49）年に最終的な補償がなされた。

　また、日立鉱山は1905（明治38）年から本格的な採鉱製錬が行われるようになり、それに伴って煙害が生じ、製錬所付近一帯はほとんど緑樹はなくなり、生産量の増加とともに被害は4町24カ村に及んだ。この被害に対し企業側は影響の調査と希釈排出や分散排出など種々の対策を講じたものの好

結果が得られず、最終的には高さ 155.7m という当時世界一高い煙突を建設した。この煙突は、1915（大正 4）年に使用が開始され、煙を高層気流中に拡散希釈させ煙害を減少できた。

別子銅山の四阪島製錬所では被害抑制のため生産制限を求められ、1929（昭和 4）年には硫酸製造装置を設置して、亜硫酸ガスを製品に転化する形で防止しようとした。

第 2 節　都市における大気汚染

都市における煙害は明治の初期から目立ち始めたが、大阪では 1882（明治 15）年に火力蒸気などを扱う製造所の設置に公害の有無を調査してから許可するという府令が出され、1884（明治 17）年には船場、島の内への鍛冶・銅吹き工場の建設禁止、さらに、1888（明治 21）年には旧市内での煙突を有する工場の建設を禁止する府達が出されている。このように大阪では、石炭燃焼や冶金工場からの排煙による大気汚染が深刻になっていた。

一方、東京では、浅野セメント深川工場からの降灰問題が 1883（明治 16）年頃から現れ、1903（明治 36）年にはロータリキルンを採用したため粉体原料の飛散を防止できず大量の降灰問題を引き起こし、工場移転の要求が地元住民から出された。これには電気集塵装置をアメリカから導入して対応したものの、結局、川崎の海岸埋め立て地への移転を余儀なくされ、ここでも降灰問題が発生している。

さらに、東京では 1880 年代後半から導入されはじめた直流低圧式小型火力発電所が分散発電の形態となったため、煤煙の発生箇所が多数となって被害が大きくなった。このため 1894（明治 27）年には東京にボイラーについての取締規則が設けられた。しかし、1890 年代中期以降には大工場が建設されるようになり、ここから排出される大量の煤煙のため、大気汚染は改善されることはなかった。また、このような事情は大阪も同様で、その深刻さは東京以上であり、1913（大正 2）年には煤煙防止令の草案が作られ、1927（昭和 2）年には煤煙防止調査委員会が結成され、1932（昭和 7）年には我が国初の煤煙防止規則が公布されている。

第3節　4大公害裁判事件

　その後、産業の発達とともに、多くの工場地帯や大阪などの大都市で煤煙による被害に悩ませられることになるが、環境問題が社会問題としてクローズアップされることになるのは、第二次世界大戦後の産業が急速に復旧した1960年代である。このうちのいくつか被害者が発生源企業を被告として裁判に訴えた。これらの事件は「4大公害裁判事件」と呼ばれ、1971-73年にすべて原告勝訴で結審している。その概要を次に示す。

(1) 水俣病
　熊本県の水俣に1908（明治41）年8月に日本窒素肥料株式会社が新工場を建設し、カーバイド、硫安などの製造を始めた。その後、昭和に入ってからアルデヒドを原料として酢酸ビニル、塩化ビニルなどの大規模な生産を行うようになった。この生産過程で触媒として用いられていた無機水銀が、アセトアルデヒド製造工程中にメチル水銀およびその化合物に変化し、それが廃液として排水口から百間港へそのまま流出していった。メチル水銀のような有機水銀はそこに生息している微生物、藻類および魚介類の体内に蓄積され、さらにそれを食糧とする猫、犬、鳥、人間の体内にも取り込まれて濃縮されていった（食物連鎖による生物濃縮）。被害者の症状としては視野狭窄、歩行障害、手足のしびれなどが顕著で、これが進行すると死に至るというものであった。この原因不明の病気が公式に発見されたのは1956（昭和31）年5月であった。その後、病気の原因究明が熊本大学を中心にして行われ、有機水銀がその元凶であることが明らかになり、1968（昭和43）年9月に公害病に認定され、熊本、鹿児島県に住む被害者への補償が開始された。

(2) 新潟水俣病
　一方、新潟県を流れている阿賀野川上流にある昭和電工鹿瀬工場が1936（昭和11）年アセトアルデヒドの製造を始めるようになった。1959（昭和34）年には、廃棄物のカーバイドかすが阿賀野川に流入し大量の魚が死に、地元漁協に2400万円の保証金を支払っている。その後、魚を多く食べる漁

師の猫が水俣病で起きた「猫踊り病」を発症し、ついに1964（昭和39）年には人間にも被害が出始めた。1965年前後の昭和電工のアセトアルデヒドの生産量は生産量トップのチッソ株式会社につぎ、2位になっていた。ここでも排出されたメチル水銀が原因で水俣病と同様な被害が生じたのである。よってここ、新潟阿賀野川流域の奇病は新潟水俣病と言われた。

熊本および新潟の水俣病による死者は1000人以上、被害を受けた人は7000人以上といわれている。水俣湾周辺で延べ2204人、阿賀野川流域で延べ685人の患者が認定された。

(3) イタイイタイ病

富山県神通川上流の三井金属神岡鉱業所は、明治時代から鉛、亜鉛の優良な鉱山として知られていた。閃亜鉛鉱のような亜鉛の鉱石中にはかなりの量のカドミウムが含まれている。カドミウムは現在は用途の広い重要な金属であるが、当時は顔料に使用されている程度だったためそのほとんどは廃液と一緒に排出されていた。これが水田や井戸水中に流入し、大正時代初期から原因不明の神経痛様の病気として発現するようになった。カドミウムは住民に食物や水を介して摂取され、腎臓や骨などにその一部が蓄積され、主として更年期を過ぎた妊娠回数の多い、居住歴30年以上の婦人が主として発病した。イタイイタイ病とは、カドミウムの慢性中毒によりまず腎臓障害を生じ、ついで骨軟化症を来たし、これに妊娠、授乳、老化などによる、カルシウムの不足などが加わって起こる病気である。

その症状は、まず腰痛、背痛、四肢痛、関節痛など全身各部の痛みを訴え、やがて骨にヒビが入り、ついには全身の骨が折れ、最後まで「痛い、痛い」と苦しみ、衰弱して死んでいく悲惨な病気である。全身72ヵ所が骨折していたり、身長も10-30cm縮んでしまった例もあった。

このイタイイタイ病も、1968（昭和43）年5月に公害病に認定され、130人の患者が認定された。

(4) 四日市喘息

1956（昭和31）年から、三重県四日市市南部の塩浜地区にあった旧海軍燃料廠跡地を中心に、当時日本最大の石油化学コンビナートの建設が開始さ

れた。このコンビナートは、高硫黄分含有の中近東原油の大量輸入に基盤を置いたものであったので、大量の硫黄酸化物の大気中への排出と、それによるコンビナート近隣居住地の高濃度汚染をもたらすこととなった。

1960（昭和35）年頃よりは喘息性疾患の異常な多発が見られ、50歳以上の年齢層では住民のほぼ10％を超えるようになった。また、学童などの肺機能低下や咽喉頭炎の多発などを伴っていることなどが明らかにされた。

石油コンビナート6社を相手どって1967（昭和42）年に提訴して争われたのが四日市公害訴訟で、裁判所は、大気汚染にかかる複数排出者の共同不法行為の成立を認め、これらが判例として確定された。この裁判はその後の日本の公害対策、特に大気汚染対策の進展に大きなインパクトを与え、硫黄酸化物の環境基準の強化（新環境基準の制定）、大気汚染防止法への総量規制条項の導入、大気汚染被害者に対する補償法の制定などの結果をもたらした。

第4節　公害対策基本法と環境庁設置

水俣病、四日市喘息、イタイイタイ病は人体に深刻な影響を及ぼし、その被害者が1967（昭和42）年から69（昭和44）年にかけて起こした4大公害訴訟は、公害裁判の象徴とされてきた。全国の公害運動と公害訴訟を受けて国は、67年に公害対策基本法制定、71（昭和46）年に環境庁設置、72年に自然環境保全法、73年に公害健康被害の補償等に関する法律を制定して、公害対策に取り組んでいった。さらに環境庁は2001（平成13）年に環境省に格上げされた。

公害対策基本法は公害対策の体系を整備し、その総合的推進を図り、国民の健康の保護と生活環境を保全することを目的としている（1条）。本法は、事業者、国、地方公共団体の責務、環境基準、国、地方公共団体の施策などの公害防止に関する基本的施策、費用負担および財政措置、公害対策会議および公害対策審議会などについて規定している。最も問題となったのは、経済調和条項である。公害対策基本法は、はじめ「生活環境の保全については、経済の健全な発展との調和が図られるようにするものとする」と定めていた。しかし1970（昭和45）年11月に召集された第64回臨時国会では、

公害対策基本法に付されていた経済調和条項の規定が削除され、新たに「国民の健康を保護する」ことが明確化された。

　これは、四日市における大気汚染、東京における光化学スモッグの発生、瀬戸内海における赤潮の発生など、公害が深刻化し、複雑化したのに対応し、原因者責任を明確にしようとしたものである。第2に、本法は公害概念を拡大し、従前の大気汚染、水質汚濁、騒音、振動、地盤沈下、悪臭の6典型公害に、土壌汚染が加えられた。本法では、公害とは、事業活動その他の人の活動に伴って生ずる相当範囲にわたる大気汚染、水質汚濁等によって人の健康、生活環境に被害が生ずる場合であり、それぞれについて、規制法が定められた。

　1971（昭和46）年に環境行政を専門に扱う環境庁が発足した。環境庁は環境庁設置法に基づいて、公害の防止、自然環境の保護および整備、その他の環境の保全を図り、国民の健康で文化的な生活を確保するために、総合的な環境保全に関する行政を推進することを主たる任務としている。

　1972（昭和47）年には、自然環境の保全を全国的に総合的かつ統一的に推進するために自然環境保全法が制定された。その内容は、自然環境を人間の健康で文化的な生活に欠くことのできないものとして位置づけ、自然環境保全基本方針その他自然環境保全の基本事項を定めるとともに、原生自然環境保全地域・自然環境保全地域の指定に基づく保全計画・保全事業の遂行および地域開発の際の自然環境の適正な保全を国に義務づけている。この法律によって、公害対策基本法とともに日本の環境行政の2大分野が制度上は確立した。この法律は、地域的特性にかんがみ、都道府県自然環境保全（自然保護）条例において、都道府県自然環境保全地域を独自に指定し、その地域につき国の自然環境保全地域に準じる規制措置を講ずることを認めた。

　環境庁は1972（昭和47）年に、無過失責任賠償の考え方を導入した法律改正を行っている。この無過失責任賠償とは、公害現象によって被害が発生したとき、汚染の原因者に故意や過失がなくても、汚染の原因者がその被害者に対して賠償責任を負う制度である。1973（昭和48）年10月には公害による被害者に対する医療費の補償と逸失利益の補償を、汚染の原因者の負担において行う「公害健康被害の補償等に関する法律」が成立している。

第5節　環境基本法と循環型社会形成推進基本法の成立

1　環境基本法

　経済が発展し、大量生産・大量消費・大量廃棄のライフスタイルが定着するにつれて、都市型・生活型公害や廃棄物の増大による問題が生じてきた。
　また、オゾン層破壊、地球温暖化、酸性雨などのように国境を超えた地球規模での環境問題も顕在化してきた。
　このような今日の環境問題の特徴は、地域の環境から地球規模までの空間的広がりと将来の世代まで影響を及ぼす時間的な広がりを持っている。これらに対応するには従来の公害を防止するという仕組みは全体の一部に過ぎず、適応できなくなってきた。
　さらに、1992（平成4）年リオデジャネイロで開かれた「地球サミット」の前文と27の原則からなるリオ宣言でも国として地球環境問題に取り組むことが盛り込まれた。
　このように基本的諸状況の変化を受けて、問題対処型ないし規制的手法を中心とした公害対策基本法の枠組みを超えて社会経済活動や国民の生活様式の在り方まで踏み込んで、社会全体を環境への負荷の少ない持続的発展ができるものに誘導する必要が生じた。そのために、環境保全に関する種々の施策を総合的かつ計画的に推進する法的枠組みを作るべく制定されたのが1993（平成5）年11月19日に制定された環境基本法である。
　環境基本法の制定により、それまで25年以上にわたって公害対策の基本的な法律であった公害対策基本法は廃止された。環境基本法は公害対策基本法を発展的に継承したもので、公害対策基本法のすべての規定はそのままの内容または発展した内容で引き継いでいる。
　この法律では、環境保全に関する施策を進める上での以下に示す三つの基本理念を記述している。
　（1）　環境の恵沢の享受と継承等
　（2）　環境への負荷の少ない持続的発展が可能な社会の構築等
　（3）　国際的協調による地球環境保全の積極的推進

(2) でいう「環境への負荷」とは、「人の活動により環境に加えられる影響であって、環境の保全上の支障の原因となるおそれのあるもの」と定義されている。

環境基本法では、環境基準として、大気汚染物質、水質汚染物質等についての排出基準を設けている。大気汚染物質についての基準は以下の通りであり、これらの数値以下に抑えることを求めている。
- 二酸化硫黄（SO_2）0.04ppm－(0.1ppm)：1時間値の1日平均値－(1時間値)
- 一酸化炭素（CO）10ppm－(20ppm)：1時間値の1日平均値－(8時間値)
- 浮遊粒子状物質（SPM）0.10mg/m³－(0.20mg/m³)：1時間値の1日平均値－(1時間値)
- 光化学オキシダント（$PC-O_X$）0.06ppm：1時間値
- 二酸化窒素（NO_2）0.04〜0.06ppm又はそれ以下：1時間値の1日平均値
- ベンゼン 0.003mg/m³・トリクロロエチレン 0.2mg/m³・テトラクロロエチレン 0.2mg/m³（これらは1年平均値）

2　循環型社会形成推進基本法

生産から流通、消費、廃棄にいたるまで物質の効率的な利用やリサイクルを進めることにより資源の消費が抑制され、環境への負荷が少ない「循環型社会」を形成することを目的として作られたのが平成12年制定の「循環型社会形成推進基本法」である。この法律の概要は次のものである。

(1)　「循環型社会」とは、①廃棄物等の発生抑制、②循環資源の循環的利用、③適正な処分が確保されることによって、天然資源の消費を抑制し、環境への負荷ができる限り低減される社会と明確に提示した。

(2)　廃棄物の優先順位が、①排出抑制、②製品・部品としての再利用、③原材料としての再利用、④熱回収、⑤適正処理であることが初めて法制化された。

(3)　事業者に対して「拡大生産者責任(EPR：Extended Producer Responsibility)」を課した。これは、製品の製造業者等が物理的又は経済的に、製品の使用後の段階においても一定の責任を果たすという考え方である。これによって生産者は生産段階から廃棄物の発生抑制や再利用、再生利用時における環境配慮を進めることにな

り、社会内の物質循環を十分に活用した、より環境負荷の少ない廃棄物処理が自律的に進んでいくことが期待される。

(4) 「循環型社会形成推進基本法」の個別法として「改正廃棄物処理法」「資源有効利用促進法」「食品リサイクル法」「建築リサイクル法」「グリーン購入法」が制定された。

第9章

持続可能な発展に向けて

第1節　国際的な環境保護の歴史

　1970年のアース・デイの2年後の1972年に国際的な賢人会議である「ローマ・クラブ」が「成長の限界」とのタイトルで報告書を発表した。人口増加と経済成長がもたらす環境汚染・資源の枯渇の脅威を訴える内容で、産業革命以後の先進諸国の経済活動に見直しと反省を迫った。同じ年にスウェーデンのストックホルムで「国連人間環境会議」が開催された。「Only one Earth（かけがえのない地球）」をスローガンに、先進国も、発展途上国も、世界全体が共通の課題として環境問題に初めて目を向けた画期的な会議であった。

　会議には世界114カ国が参加したが、日本は大石武一環境庁長官以下45人の大代表団を送りこんだ。また、会議と並行してストックホルムで開かれた市民団体の会議「ピープルズ・フォーラム」には、水俣病の患者や支援の人々、学者らが参加した。

　1979年には、「長距離越境大気汚染条約（ウィーン条約）」が締結され、これに基づき、酸性雨の国際的な取り組みが進められていく。1984年には、国連の決議によって、「環境と開発に関する世界委員会（WCED）」が設置された。このWCEDの議長は、当時ノルウェーの首相だったブルントラントである。

　ブルントラントは、イギリスのサッチャー元首相に続き、ヨーロッパで2人目の女性首相となった人で、首相就任前は長く環境大臣を務めた。小児科医として出産や中絶問題にかかわった彼女は、「弱者である女性が住みやすい社会こそ、人間が人間らしく住める社会」を政治信条とした。環境意識と弱者へのいたわりを兼ね備えたブルントラントは、優れた政治指導力を発揮

し環境問題の国際的議論を引っ張った。

1987年に出された最終報告書「我ら共通の未来（Our Common Future）」の中で、「持続可能な発展（Sustainable Development）」が謳われた。これは、将来の世代のニーズを満たす能力を損なうことなく、今日の世代のニーズを満たすような開発のことを指す。これは、自然保護と開発の調和の探求の緊急性を国際世論に喚起した歴史的文書となった。この最終報告書が出る以前には、南極の上空でオゾン層が薄くなっていることが1982年に発見され、1985年3月には「オゾン層保護のためのウィーン条約」が、それに基づいて87年9月に「オゾン層を破壊する物質に関するモントリオール議定書」が採択された。1988年には気候変動に関する政府間パネル（IPCC）の設立が合意された。

オゾン層破壊については、HCFCを先進国が2020年に全廃し、発展途上国が2030年に全廃することで一応決着している。現在最も問題になっているのは、CO_2等の温室効果ガスの規制である。

第2節　1992年　地球サミット

ストックホルムでの国連人間環境会議から20年を経た1992年6月、ブラジルのリオデジャネイロで空前の国連会議が開かれた。正式には「国連環境開発会議（UNCED）」と名づけられたが、約180カ国の代表、102人の首脳が出席し、3万人を超える人々が参加する歴史上最大の国際会議となった。

この会議の開会式で、ブロスト・ガリ国連事務総長は次のように演説した。

「地球環境は低開発と過剰開発の双方に苦しんでいる。必要なのは、将来の世代の需要も満たす『持続可能な開発』と、新たな集団安全保障たる『惑星としての開発』を考慮すべきだ」。この会議でも、ブルントラントが主張した「持続可能な開発」がキーワードとなった。この言葉は現在に至っても生きている。

この会議では二つの重要な国際条約「気候変動枠組み条約」と「生物多様性条約」の調印が行われ、「環境と開発に関するリオ宣言」、環境と開発に関する包括的行動計画として「アジェンダ21」（21世紀に向けての行動計画という意味）、さらに「森林保全原則声明」が採択された。そして国連に、53

カ国で構成される「持続可能な開発委員会（CSD）」が新たに設立され、「アジェンダ21」の実施をフォローアップすることになった。

気候変動枠組み条約の骨子は次の通りである。(1) 温室効果ガス（CO_2）の水準を安定化させることを目的とする、(2) 同ガスの排出を一国または他国と共同で90年の水準に戻す、(3) 同ガスの排出・吸収に関する見積りを締約国会議に報告する、(4) 技術移転を含む資金提供の機構を確立するなどである。

この条約では、CO_2の世界最大の排出国であるアメリカが、CO_2の排出規制による影響が自国の経済活動に及ぼす点を考慮して強く反対したために、CO_2の排出量の目標値を明示することができなかった。

生物多様性条約の骨子は次の通りである。(1)「生態系の多様性」「生物種の多様性」「種内（遺伝子）の多様性」を生息環境とともに最大限に保全し、その持続的利用を実現する。(2) 生物の持つ遺伝資源から得られる利益を公平に分配する。アメリカのみがこの生物多様性条約には署名しなかった。それが現在まで続いている。アメリカの戦略は、DNAの遺伝子情報を特許化して、自国の独占を狙ったものといえよう。

「リオ宣言」は地球環境の憲法とも言えるもので、各国の政府や国民が、地球の環境を保全するために取るべき行動の基本的な原則を定めている。リオ宣言を採択する過程においては、先進諸国が地球環境の保全を重要視したのに対して、発展途上国は貧困問題の解決と開発優先を重要視した。そして、発展途上国は地球環境を破壊してきた先進諸国には発展途上国の今後の開発を規制する資格はないとして、先進諸国と激しく対立した。このためリオ宣言では「地球環境の悪化への異なった寄与という観点から、各国は共通のしかし差異のある責任を有する。先進諸国は、かれらの社会が地球環境へかけている圧力およびかれらの支配している技術および財源の観点から、持続可能な開発の国際的な追求において有している責任を認識する」と規定している。すなわち、地球の環境保全については、先進諸国も発展途上国も共通した責任を負担するが、その責任については先進諸国と発展途上国との間で異なる責任があり、先進諸国は発展途上国に比べてより大きな責任を負うべきであるとし、先進諸国がエネルギーの消費量や産業構造および生活様式を変えるとともに、発展途上国は先進諸国の資金提供と技術援助を受け、自

然環境と開発の調和を図ることが決議された。

リオ宣言を実行に移すための具体的な行動計画である「アジェンダ21」は、その前文の書き出しにおいて、現在の地球環境は「人類の歴史の中で決定的な瞬間に立っている」と警告している。そして、人口問題や大気保全、野生生物の保護など40章にわたる目標と指針が示されたが、ここでも自らの開発と発展を望む途上国と保全を重視する先進国との間で意見の食い違いが目立った。特に政府開発援助（ODA；Official Development Assistance）に関しては、途上国側は、地球環境の問題は先進国に責任があるとして、途上国への支援は利害の絡む援助でなく、補償であるべきと主張した。

日本は1991年度よりODAは世界一の額を出してきたが、この会議で「92年度より5年間にわたり環境分野でのODAを9000億円から1兆円をめざして大幅に拡充する」ことを公約した。そして経済大国の積極的な国際貢献を印象づけた。また、過去の公害経験から学んだ環境保全技術などでも国際協力する考えを明らかにした。しかし、当時の宮沢喜一首相は国際平和協力法案の国会審議が紛糾したため、出席できなかった。

一方、非政府機関（NGO）はリオ市内のフラメンゴ公園を会場に「'92グローバル・フォーラム」を開催した。展示ブースを設置し、ビデオ上映、シンポジウム、コンサートなど各種のイベントを繰り広げた。参加団体数は1100を数え、日本からも水俣病、大気汚染、長良川河口堰、生協など、大小様々なグループが軒を連ねた。会議の成功の原動力は世界各国から集まったNGOであったとも言えよう。NGOと国際世論こそが環境外交の主役であった。しかし先進国と発展途上国の間の対立は大きく、この対立をいかに調整していくかが環境問題の最大のポイントである。

第3節　気候変動枠組み条約COP3 ——京都会議

1995年のベルリン、1996年のジュネーヴに続いて、1997年12月に気候変動枠組み条約第3回締約国会議（COP3）が日本の京都で開催された。京都会議で決まった議定書は次の通りである。

(1)　COP：Conference of the Parties の略。国際間で締約される条約（気候変動枠組み条約に限らない）の締約国が集まって開催される会議

のこと。COP3 は、その第 3 回会議であることを示す。
(2) 　AWG-LCA：Ad hoc Working Group on Long-term Cooperative Action の略で、2013 年以降のポスト京都議定書の国際的枠組みを検討する場として設置された「長期的協力の行動のための特別作業部会」。
① 　先進国は 2008-12 年にかけ温室効果ガスの総排出量を全体で 1990 年に比べ 5.2％削減する。主な国別内訳は EU8％、米 7％、日本 6％などで国別の温室効果ガスの国別削減率（％）は次の通りである。

  10 増　アイスランド
   8 増　オーストラリア
   1 増　ノルウェー
    0 　　ニュージーランド、ロシア、ウクライナ
   5 減　クロアチア
   6 減　カナダ、ハンガリー、日本、ポーランド
   7 減　アメリカ（後に離脱）
   8 減　EU 各国、ブルガリア、チェコ、エストニア、ラトビア、リヒテンシュタイン、リトアニア、モナコ、ルーマニア、スロバキア、スロベニア、スイス

② 　対象ガスは、二酸化炭素 CO_2　メタン CH_4　亜酸化窒素 N_2O、ハイドロフルオロカーボン HFC（代替フロン）、パーフルオロカーボン PFC（PFC は炭素にすべてフッ素が結合した代替フロンであり、CF_4 などである）、六フッ化硫黄 SF_6 の 6 種類とする。HFC と PFC は代替フロンであり、SF_6 は絶縁材である。
③ 　1990 年以降の植林により吸収された温室効果ガスは排出量から差し引ける（ネット方式）。
④ 　先進国は排出量を取引でき、ある国が別の国から譲り受けた排出量は、当該の国の排出量に加えられる。譲った排出量は差し引かれる（排出量取引　ET）。
⑤ 　先進国は削減目標を達成するため他の先進国で実施した事業や吸収などの手段で削減した温室効果ガスの排出量を譲渡、獲得してもよい（共同実施　JI）。
⑥ 　先進国は、途上国の持続的開発や温室効果ガス削減のための事業へ資金供与すれば、その事業による削減量を自国の排出量から差し引ける

（クリーン開発制度　CDM）。

　排出権取引や共同実施、クリーン開発制度は、金でCO_2を買うことにつながり、富める国が多くCO_2を排出して、工業製品を作りそれを貧しい国に売るというかつての帝国主義を彷彿とさせる点で批判がある。

　また、中国（CO_2排出量世界1位）やインド（CO_2排出量世界3位）などのCO_2排出量大国が途上国に入れられ、今回削減が決められていないので、地球全体としてCO_2削減効果が薄いことである。京都会議ではアメリカなどが途上国の目標設定を主張し続けたが、途上国が強硬に反発し、土壇場で議定書から削除された。このように今回も、先進国と途上国の対立が浮き彫りにされた。

　2004（平成16）年10月のロシアの批准によって、京都議定書が2005年2月に発効した。日本がカウントを求めていた森林吸収量（3.7％のCO_2削減に相当）がそのまま認められ、CO_2排出権取引にも上限が設けられなかった。また各国の削減目標が達成できなかった場合は、次の拘束期間の削減量への上積み、削減実行計画を提出するなどの罰則措置も定められているが、法的拘束力はないというのが日本などの解釈である。しかし最大の課題は、離脱したアメリカの復帰と将来的に温暖化ガスの大幅増加が予想される中国・インドなどの途上国の参加である。

第4節　ポスト京都議定書

　2007年12月にバリ（インドネシア）で開催されたCOP13・COP/MOP13において、2013年以降のポスト京都議定書の合意に向けたバリ・ロードマップ（バリ行動計画）を採択した。具体的には、「気候変動枠組条約」のもとに、「長期的協力の行動のための特別作業部会」（AWG-LCA）を立ち上げ、2013年以降の枠組みについての交渉の「道筋」を示し、2009年12月にコペンハーゲン（デンマーク）で開催されるCOP15・COP/MOP5を交渉期限と定めたものである（注：MOP:Meeting Of the Partiesの略。一般的な国際条約用語。COPが条約加盟国の会議を表すのに対し、MOPは条約を実際に実施している国の会議を指す）。

　温室効果ガス排出削減の中期目標をめぐり、欧州連合（EU）は早い段階

から、2020年までに1990年比20％削減で合意し、ポスト京都議定書の数値目標として提案している。米国はオバマ大統領就任後に2020年までの中期目標として2005年比で14％削減を打ち出し、日本は鳩山首相就任後の2009年9月に2020年までの中期目標として1990年比25％削減を発表した。米国は排出削減目標の基準年を2005年とするのに対し、日本はEUと同様に京都議定書と同じ1990年とすることを主張した。

日本は1970年代の石油ショック以降、1990年までに省エネルギー対策に重点的に取組み、その後はコストをかけないと排出量が減らせない状況にある。これに対して、EUは1980年代までは、省エネルギーに対する取り組みが日本よりも劣っていたが、1990年から1995年の間に省エネルギーと再生可能エネルギーの開発を進め、温暖化ガスの排出量を大きく削減した。それを十分に考慮し、京都議定書の枠組みをめぐる交渉で基準年を1990年にすることにこだわった。ポスト京都議定書においても、基準年を1990年にすべきと主張している。つまり、日本は1990年にはすでにCO_2削減を十分に行っていたが、EUはまだ削減していなかったということである。1990年を基準年にとることは、日本にとっては不利であるが、EUには有利であるということを意味している。これを無視して、1990を基準年にとることを主張した日本の当時の鳩山内閣の主張には疑問をいだかざるを得ない。

2007年6月に開催されたハイリゲンダム（ドイツ）からG8サミットにおいて、地球温暖化対策が主要議題のひとつとして扱われ始めた。2007年以降のG8サミット首脳宣言を振り返る。

2007年6月　ハイリゲンダム（ドイツ）
「2050年までに温室効果ガスの排出量を少なくとも半減させることを含むEU、カナダ、日本による決定を真剣に検討する」

2008年7月　洞爺湖（日本）
「2050年までに世界全体の温室効果ガスの排出量を少なくとも50％削減する目標を気候変動枠組み条約締約国と共有し、検討・採択することを求める」

2009年7月　ラクイラ（イタリア）
「洞爺湖サミットで合意した、世界全体で2050年までに温室効果ガスを50％削減する目を再確認し、先進国全体が1990年またはより最近の複数

の年と比較して2050年までに80％、またはそれ以上削減するとの目標を支持する。工業化以前の水準からの世界全体の平均気温が2℃を越えないようにすべきとする広範な科学的見地を認識」

2009年12月にコペンハーゲン（デンマーク）で開催された気候変動枠組み条約15回締約国会議COP15・COP/MOP5では、「コペンハーゲン合意」の全会会合では採択が断念され、同合意に「留意する」ことが決定された。バリ・ロードマップで予定されていたポスト京都議定書の新しい国際的枠組みの合意は実現できず、2010年以降に先送りされた。

「コペンハーゲン合意」への参加は任意で、2010年1月末日までに、先進国は京都議定書よりも強化した2020年までの排出削減目標を、途上国には緩和行動を自主的に策定し、同合意の別表への記載・登録を求めた。コペンハーゲン合意にもとづく国際的取り組みを発展させ、法的拘束力のある枠組みにつなげることは、今後の課題として残されたのである。その他の主な合意内容は、次のとおりである。

(1) 排出削減の長期目標として、世界の気温上昇を2℃以内に抑える。
(2) 先進国から途上国への資金援助として2010-12年に総額300億ドル、2020年までに年間1000億ドルの拠出をめざす。
(3) 途上国が技術、資金援助を受けた場合は、国際的な監視を受ける。

2010年11月にはメキシコでCOP16が開催されるが、今後のCOPでポスト京都議定書の新しい温室効果ガス削減の枠組みを造ることは至難の業であると考えられる。

次に参考までに、国別CO_2排出割合と、国民1人当たりのCO_2排出量を示す。日本は前者は世界5位、後者は世界3位である（2007年値）。

第5節　地球温暖化のメカニズム

地球温暖化とは、大気中の温室効果ガスの濃度が高くなることにより、地球表面付近の温度が上昇することである。温室効果ガスは地球の安定した気温の維持に役立つ。しかし、化石燃料の大量消費などによって温室効果ガス

第 9 章　持続可能な発展に向けて

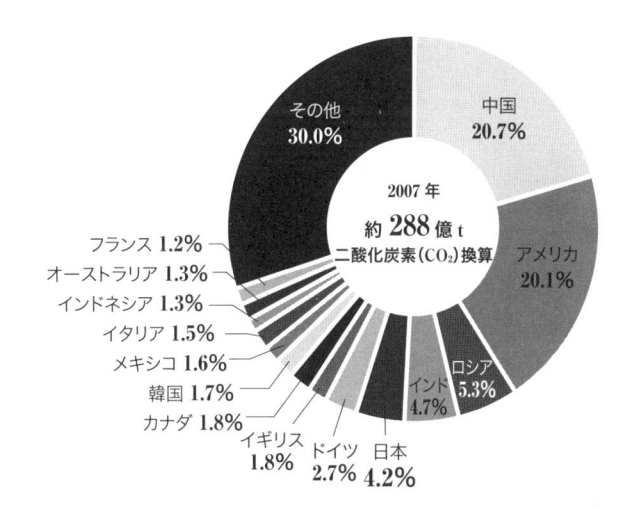

国別排出割合（2007 年）

（出典）EDMC／エネルギー・経済統計要覧 2010 年版

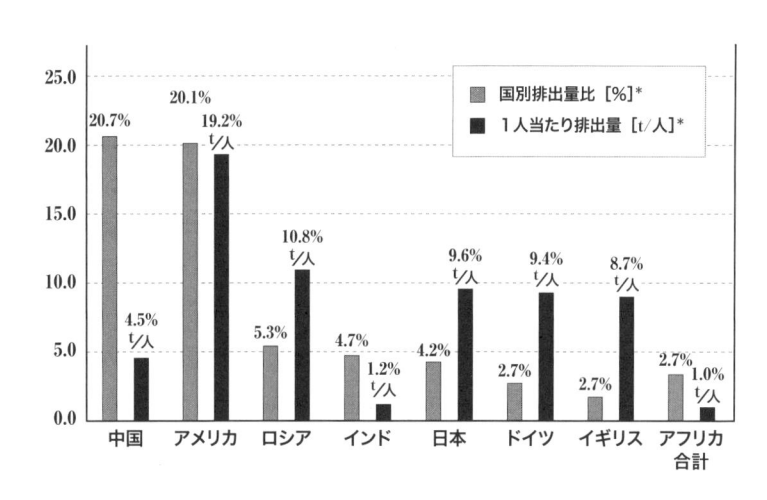

国民 1 人当たりの排出量比較（2007 年）

＊国別排出量比は世界全体の排出量に対する比で単位は［%］
＊排出量の単位は［t/人　二酸化炭素（CO_2）換算］
（出典）EDMC／エネルギー・経済統計要覧 2010 年版

が急激に増加すると、過剰な温室効果が発揮されて地球の温度が上昇し、地球温暖化によって気象や気候に影響を与えてしまう。温室効果ガスのうち、二酸化炭素は大気中の濃度や排出量が多いため、地球温暖化への影響がもっとも大きくなっている。

温室効果と呼ばれる理由は、大気が温室のガラスと同じ働きをして、温室と同じようなメカニズムで地球の温度を上げるからである。大気中に微量に存在する温室効果ガスは、太陽から与えられたエネルギーによって地球表面から放射される赤外線を吸収する。大気全体が暖められると、大気はその温度に応じた光を放射し始める。そのとき、大気は宇宙空間の方向と同時に地球表面の方向にも熱線を放射する。このため、地球表面は再び暖められて温度が上がり、その上がったぶんの放射をし、その放射が再び大気に吸収されて大気を暖める。大気はさらに赤外線を宇宙空間と地球表面に放射する。この繰り返しで地球表面と大気が互いに暖めあう、これが温室効果である。

大気中に温室効果ガスが存在しない場合は、地球表面温度は $-20℃$ 前後で平衡に達するが、大気中に含まれる微量の温室効果ガスによって、現在の地球は $+15℃$ 前後に保たれている。ごく微量の温室効果ガスの存在で地球気温が $-20℃$ から $+15℃$ 前後に上昇するのであるから、温室効果ガスの増加がいかに脅威となっているかがわかる。

65万年前から18世紀中ごろまでの CO_2 濃度は、大きな変動もなく80-300ppm の範囲に収まっていた。産業革命前の約250年前の CO_2 濃度は280ppm程度であったが、産業革命以降の化石燃料の大量消費により、2008年には385ppmまで増加している。CO_2 に次いで濃度が高い温室効果ガスであるメタンは、産業革命前が0.72ppm、2008年には1.79ppmと倍以上に濃度が上昇している。今後、世界が高い経済成長を持続し大量の化石燃料が消費され続けると、2100年には600ppm以上に増加し、世界平均気温が最大で6.4℃上昇する可能性があると予測されている。

このように、温室効果ガスの代表である CO_2 濃度が上昇した原因は、産業革命以降の石油、石炭、天然ガスなどの化石燃料の大量消費によるものである。工業生産活動に利用される動力燃料や船舶、自動車、航空機などの輸送機械のエネルギー、また家電製品への動力供給用発電燃料として大量に消費されてきた。一方、光合成により を吸収・固定する作用のある熱帯雨林な

どの森林は、農地の拡大などにより伐採され、地球上からどんどん失われている。森林の減少による CO_2 吸収量の減少も、温室効果ガス濃度が上昇している原因である。

2007年11月、IPCC第4次評価報告書統合報告書が発表された。地球温暖化の実態将来の気候変化の予測について自然科学的根拠にもとづいた報告がなされた。温室効果ガスの増加と地球温暖化の因果関係については、「20世紀半ば以降に観測された世界平均気温の上昇は、その大部分が、人間活動による温室効果ガスの大気中濃度の増加によってもたらされた可能性が非常に高い（90％以上）」と結論づけている。

(1) 気候変化（温暖化）を裏づける観測結果

下記の観測結果から、IPCC第4次評価報告書は「気候システムの温暖化には疑う余地がない」と結論づけている。

① 過去100年に、世界平均気温が長期的に0.74℃（1906-2005）上昇。この気温上昇は北半球の高緯度で大きく、また陸域は海域と比べて早く温暖化している。

② 世界平均海面水位は、熱膨張や氷河などの融解、局域の氷床融解により、1961年以降で年間1.8mm、1993年以降で年間3.1mm上昇した。20世紀の100年間で17cm上昇。

③ 氷雪圏への影響として、氷河の後退、永久凍土の融解、海氷や積雪の融解が進んでいる。キリマンジャロでは、氷河と積雪面積が後退しているのは明らかで、2015-20年の間には消失する可能性が高い。

④ 水循環への影響として、氷河や雪解け水が注ぐ多くの河川で、流量増加と流量ピークの早期化か見られ、湖沼や河川の水温上昇と、氷の循環や水質への影響が生じている。

⑤ 1978年以降の衛星データによると、北極の年平均海氷範囲（面積）は、10年あたり2.7％減少した。特に夏季においては、10年間あたりで7.4％と、より大きな減少傾向にある。

⑥ 生物、生態系への影響が世界各地で見られ、新緑や鳥の渡り・産卵などの春季現象の早期化、生息域の極地・高地への移動、生息数の変化などが報告されている。

(2) 今後、予測される気候変化とその影響

今後の気候変化とその影響を予測するために、6区分の排出シナリオを設定している。

各予測シナリオのいずれにおいても、今後20年間で0.4℃の気温上昇が起こり、それ以降の温度上昇については、各予測シナリオの影響が強まると予測している。もっとも温度上昇の低いと予測される「BIシナリオ（持続的発展型社会）」で1.8℃、もっとも温度上昇が高いと予測される「AIFIシナリオ（化石エネルギー重視の高度成長社会型）」で4.0℃（可能性として最大で6.4℃）と報告している。

第6節　日本における地球温暖化対策

日本は、京都議定書の6％削減目標を達成するために2005（平成17）年4月に「京都議定書目標達成計画」を策定し、地球温暖化対策を進めてきた。2008（平成20）年にはその後の活動状況をふまえて計画の評価・見直しが行われ、同年3月に改定された。日本の温暖化防止対策としては、同計画にもとづき温室効果ガス排出削減・森林整備・京都メカニズムの推進、国民運動などの横断的施策などが進められている。6％削減の内訳は、温室効果ガス削減分0.6％、森林吸収源3.8％、京都メカニズム1.6％となっている。

日本の2008（平成20）年度の温室効果ガスの総排出量は、12億8200万t（CO_2換算）であった。このうちCO_2の排出量は、12億1400万t、CO_2を除く温室効果ガス（メタンCH_4、亜酸化窒素N_2O、ハイドロフルオロHFC、パーフルオロカーボンPFC、六フッ化イオウSF_6）のCO_2換算値は、6800万tであった。

これに対して、京都議定書の規定による基準年（1990年）の総排出量は、12億6100万t（CO_2換算）である。このうちCO_2は11億4420万tであり、CO_2を除く温室効果ガスは、1億1680万t（CO_2換算）であった。2008年度と1990年度を比較すると、総量では2008年度が1.6％上回っている。CO_2だけを比較すると2008年度が6.1％増加している。CO_2を除く温室効果ガスは41.8％減少している。つまり、CO_2のみは増え続けているのである。

CO_2の部門別排出量は、次のようになる。

産業部門（工場等）：4億1900万t（基準年比13.2％減）
運輸部門（自動車・船舶等）：2億3500万t（基準年比8.3％増）
業務その他部門（商業・サービス・事務所等）2億3500万t：（基準年比43.0％増）
家庭部門：1億7100万t：（基準年比34.2％増）

つまり、工場などの産業部門は減少しているが、運輸（自動車・船舶等）、業務その他部門（商業・サービス・事務所等）、家庭部門が基準年を大きく上回っており、対策の強化が必要な状況である。

「地球温暖化対策推進法」では、温室効果ガスを一定量以上排出している工場・事業所は、温室効果ガスの排出量を毎年国へ報告することが義務づけられている。排出量が伸び続けている業務その他部門への対策を強化する必要から、2008（平成20）年に法改正があり、報告の対象にコンビニ等のフランチャイズチェーンが追加され、また報告単位が工場・事業所から温室効果ガスを一定量以上排出している会社単位となった。

「省エネ法」は、エネルギー使用の伸びが著しい運輸部門、業務その他部門における規制強化を目的に、2005（平成17）年、2008（平成20）年に改正が行われてきた。その結果、運送会社やコンビニエンスストア・スーパーなどのフランチャイズチェーンも、エネルギー管理の対象となった。さらに、エネルギー管理の単位が工場・事業場単位から会社単位になった。

地球温暖化防止のためには、国民一人ひとりの取り組みが重要である。国民すべてが一丸となって取り組む国民運動「チーム・マイナス6％」（京都議定書による日本の2005（平成17）年4月から日本政府が推進している国民運動）が推進され、夏の「COOL BIZ（クール・ビズ）」や冬の「WARM BIZ（ウオーム・ビズ）」の普及が進んでいる。

(1) 国内排出量取引制度

2005（平成17）年度から、費用効果的な排出量削減と取引の知見や経験の蓄積を目的に、「自主参加型国内排出量取引制度（JVETS）」が始まった。その後、二酸化炭素の排出削減には二酸化炭素に取引価格をつけ、市場メカニズムを活用し、技術開発や削減努力を誘導する必要があるとの観点で、2008（平成20）年10月からJVETSを含めて「排出量取引の国内統合市場

の試行」が開始された。

　国内排出量取引制度とは、排出量取引は温室効果ガス削減対策のひとつである。価格メカニズムを活用することで、社会全体として、より少ない削減費用で温室効果ガスの排出削減が行われることをねらったしくみである。各国や各企業ごとに温室効果ガスの排出枠を定め、排出枠が余った国や企業と、排出枠を超えて排出してしまった国や企業との間で取引する制度である。日本において試行されている国内排出量取引制度は、制度に参加する国内企業が自主的にエネルギー起源のCO_2削減目標を設定し、A社が削減目標を超過達成しB社が未達成の場合、B社がA社から超過達成分の排出枠を購入して未達成分をことができる制度である。

(2) カーボン・オフセット

　カーボン・オフセットが注目され、欧州、米国等では、カーボン・オフセットを組みこんだ商品やサービスの普及が進んでいる。日本においても、カーボン・オフセット年賀状やオフセット付き商品が発売されるなどの取り組みが始っている。

　カーボン・オフセットとは、ある活動によって引き起こされる二酸化炭素（重要な温室効果ガス）の排出量を、別の活動による排出量の削減、吸収量の増大（植林・森林保護・クリーンエネルギー事業など）、排出量の固定・貯蓄（排出される二酸化炭素を収集して、地底や海底に貯めこむこと）などで相殺することをいう。カーボン・オフセットが適切に活用されるためには、相殺量の測定が正確に行われること、排出削減制度で承認されたタイプのカーボン・オフセットが用いられることが必要である。

(3) 「見える化」の推進

　経済産業省は2009（平成21）年より、カーボン・フットプリント制度の試行事業を実施している。その一環として、2009年10月からカーボン・フットプリントマークを貼付した商品の販売が開始された。

　カーボン・フットプリントとは、原材料の調達から廃棄・リサイクルまでの全過程で排出される温室効果ガス量をCO_2量に換算して商品に表示し、消費者に「見える化」を進める手段。消費者が二酸化炭素排出量の少ない商

品を選べるようにし、事業者に二酸化炭素を減らす努力を促すことが目的ある。

(4) 太陽光発電買取制度

新エネルギーである太陽光発電の普及を図る目的で、家庭などでの太陽光発電で生じた余剰電力を固定価格で電力会社に買取を義務づける太陽光発電買取制度が 2009 年 11 月から始まった。買収価格は導入当初は住宅用 48 円（現在価格の約 2 倍）、買取期間は 10 年間としている。固定価格買取制度はドイツ、スペインなどヨーロッパで始まり、太陽光発電普及の原動力となったといわれている。

地球温暖化問題の解決法の一つは、石炭（太古の木の化石）や石油（太古のプランクトンの化石）等の燃焼により、温室効果ガスである二酸化炭素を発生しない再生可能エネルギーの使用拡大である。第 2 部ではこの再生可能エネルギー等を詳説する。

第2部
環境技術

第2部　環境技術

第1章

クリーンエネルギーをめぐる世界と日本の現状

第1節　クリーンエネルギーをめぐる世界の現状

アラビア半島のペルシア湾岸に位置する、オイルマネーの覇者として世界に名をあげたアラブ首長国連邦（UAE）の首都アブダビは、高さ828mの世界一高いビルを建設するなど今建設ラッシュに沸いている。アブダビはUAEの石油の9割を産出し、毎年10兆円のオイルマネーが転がり込み、国際投機マネーの一角を占めてきた。世界最大の規模を誇る政府系ファンドであるアブダビ投資庁がその主役である。運用資金は90兆円といわれている。

その石油立国アブダビが世界を驚かす方針転換を試みている。地球温暖化が叫ばれる中、4年前から太陽や風力などクリーンエネルギー分野に巨額の投資を行っているのである。石油からの富を確保しつつ、あと40年と言われる石油が枯渇してもエネルギーの主導権を握り続けようという戦略である。UAEのエネルギー特使は言う。「我々は高い目標を持ちクリーンエネルギーに取り組んでいる。エネルギー革命を推進することに疑いはない。今すぐに新エネルギーの未来像を描くべきだ。それが我々の責任であり義務なのだ」。

アブダビはこのエネルギー構想を世界に示すショーウインドーとして一つの都市を建設する。総事業費2兆円、環境未来都市マスダールシティーである。砂漠の真ん中に世界の環境企業を誘致し、10万人規模の全く新しい都市が出現する。この町では二酸化炭素を全く排出しない太陽や風力などのクリーンエネルギーしか使わない。最先端の技術を世界中から集めている。日本からは、太陽を自動追尾した鏡が光のエネルギーを捉える最新の太陽熱発電「ビームダウン型集光太陽熱発電」、ドイツからは自律走行する電動コンパクトカー、ガソリン自動車は街の中に入れない（太陽熱発電は、太陽電池

第 1 章　クリーンエネルギーをめぐる世界と日本の現状

を使う太陽光発電とは異なることに注意)。技術をアブダビはこの街を使って外国からの技術を呼び込み、自国のものとする戦略である。この計画でアブダビはわずか数年で一躍環境先進国に躍り出た。ドイツの環境分野の製造業は7兆円規模に達する。ヨーロッパの環境関連特許の実に4割を押さえている。財政が逼迫し、投資にブレーキがかかる環境大国ドイツと一刻も早く技術を手に入れたいアブダビ、思惑が一致し、ドイツのメルケル首相は「マスダールシティーとドイツの環境関連企業が緊密に連携をとることを進めていきたい」と明言している。

　2013 年に 50 兆円になるクリーンエネルギー市場、21 世紀経済を牽引するこの巨大市場で勝ち残ろうと世界中の企業がしのぎを削っている。高い技術を誇ってきた日本企業もこの新しい流れに乗り遅れまいと必死である。2010 年、マスダールシティーの CEO は「世界最大の太陽熱発電所」建設することを発表した。世界最大の 100MW の太陽熱発電所である。アブダビでは今後 10 年間で電気の 7％をクリーンエネルギーに置き換える。さらに石油の時のように原料を売るだけではなく、エネルギー産業を自国のものにしようとしている。マスダールシティーの CEO は、「我々は環境技術輸出立国を目指す」と主張している。

　中東全体のオイルマネーは 200 兆円であり、これまで海外に流出していた巨大マネーが、今は中東のクリーンエネルギー分野へと振り向けられ始めている。その背景には CO_2 削減に動き出した世界の潮流がある。脱石油に傾倒する流れを見てとった中東は、資金不足に悩む欧米を尻目に積極的に投資を行っている。

　人工 170 万人の中東の小国カタールでは、石油に代わるクリーンエネルギーの旗手、LNG を武器に絶好調である。2010 年のカタールの実質経済成長率は 18.5％である。1 人当たりの GDP は世界 3 位を誇る。石油・石炭に比べて CO_2 排出量が少ない LNG は実用的なクリーンエネルギーとして世界で引っ張りだこである。プラントでは零下 162℃ まで冷却してメタンを液化する。実に気体だった時の 1/600 の体積になる。LNG は専用大型タンカーで海外に運搬され専用技術で気化される。カタールが作り上げた独自の巨大ネットワークで世界 15 カ国に輸出されている。

　バーレーンでは風力発電付き高速ビルが続々と建設されている。砂漠から

石油を得た世界最大の産油国サウジアラビア今度は国土の 8 割を占める砂漠に降り注ぐ太陽を利用する。「石油に依存する時代は終わった。中東の広大な砂漠には大いなる太陽熱発電の可能性が眠っている」とサウジアラビアの高官は述べている。サウジアラビアは 2010 年にクリーンエネルギーの研究開発を目的とした国家機関を設置した。さらに巨額を投じた太陽熱発電の学術プロジェクトを始動させた。

　クリーンエネルギーの利用を働きかけ、広めようとする 2009 年に設立された「国際再生可能エネルギー機関」(International Renewable ENergy Aency: IRENA) は、クリーンエネルギーへの転換を進める国に技術を供与し、資金援助の斡旋を行うが、ここには日本を含む 148 カ国が加盟している。世界の環境都市が本部設置の名乗りを上げる中、ボン、ウィーン、広島等を押さえて、アブダビが本部誘致をもぎ取った。決め手は年間 20 億円の活動費の提供であった。続々とクリーンエネルギーに切り替える IRENA 加盟国はやがて巨大な市場となる。新エネルギー分野での覇者を目指すアブダビの確信がそこにある。

　景気低迷が続く中、欧米先進国から中東アジアの新興国まで世界中が新エネルギー開発の覇権を狙う状況が続いている。2030 年に全世界の 4 割に達するといわれるクリーンエネルギーをめぐって激烈な先陣争いを欧米先進国と中東諸国が繰り広げ、日本企業の苦闘が続いている。

第 2 節　再生可能エネルギーと新エネルギー

　再生可能エネルギーとは、自然のプロセス由来で絶えず補給される太陽、風力、バイオマス、地熱、水力などから生成されるエネルギーである。再生可能エネルギーは自然エネルギーともいわれる。電気や熱に変えても、二酸化炭素 (CO_2) や窒素酸化物 (NO_X) などの有害物質を排出しない、または排出が相対的に少ないエネルギー源のこと。いわゆる再生可能エネルギーである太陽光、水力、風力、地熱などのほか、化石燃料の中では有毒物質の発生が少ない天然ガスもクリーンエネルギーと呼ばれることがある。

　新エネルギーとは、再生可能エネルギーのうち、コストが高いためその普及に支援を必要とするものを指す。「新エネルギー利用等の促進に関する特

別措置法（略称：新エネ法）」では「技術的に実用段階に達しつつあるが、経済性の面での制約から普及が十分でないもので、石油代替エネルギーの導入を図るために必要なもの」とされ、10種類が指定されている。太陽光発電、風力発電、バイオマス発電、中小規模水力発電、地熱発電、太陽熱利用、バイオマス熱利用、雪氷熱利用、温度差熱利用、バイオマス燃料製造の10種類が指定されている。エネルギー資源の乏しい日本にとっては、貴重な純国産エネルギーと言える。

　2008年から京都議定書に基づく第一約束期間が開始された。また、同年の北海道洞爺湖サミットで世界全体の温室効果ガス排出量を2050年までに少なくとも50％削減するとの目標につき一致をみた。2009年7月のラクイラ・サミットではこの目標を再確認し、その一部として、先進国全体で、1990年比又はより最近の複数の年と比して、2050年までに80％又はそれ以上削減するとの目標が支持された。

　さらに、2009年9月の国連気候変動首脳会合において、我が国は、すべての主要国による公平かつ実効性ある国際的枠組みの構築及び意欲的な目標の合意を前提として1990年比で2020年までに温室効果ガスを25％削減することを表明した。

　我が国の温室効果ガスの約9割はエネルギー利用から発生する。上記のような目標を達成し、地球温暖化を防止するためには、国民・事業者・地方公共団体等が緊密に連携し、エネルギーの需給構造を低炭素型のものに変革していく必要があろう。

第3節　2030年に向けた目標

　エネルギー政策は、国民や事業者の理解・協力の下、中長期的な視点で総合的かつ戦略的に推進する必要がある。このため、エネルギー需給の改革や経済成長の観点から重要な事項について、2030年に向け、以下の目標の実現を目指すことが2010年6月の閣議で決定された。

（1）　資源小国である我が国の実情を踏まえつつ、エネルギー安全保障を抜本的に強化するため、エネルギー自給率（現状18％）及び化石燃料の自主開発比率（現状約26％）をそれぞれ倍増させる。これ

(2) 電源構成に占めるゼロ・エミッション電源（原子力及び再生可能エネルギー由来）の比率を約70％（2020年には約50％以上）とする。（現状34％）
(3) 「暮らし」（家庭部門）のエネルギー消費から発生するCO_2を半減させる。
(4) 産業部門では、世界最高のエネルギー利用効率の維持・強化を図る。
(5) 我が国に優位性があり、かつ、今後も市場拡大が見込まれるエネルギー関連の製品・システムの国際市場において、我が国企業群が最高水準のシェアを維持・獲得する。

再生可能エネルギーは、電力部門における太陽光発電や風力発電、燃料部門におけるバイオエタノールの利用など、様々な部門において利用されている。

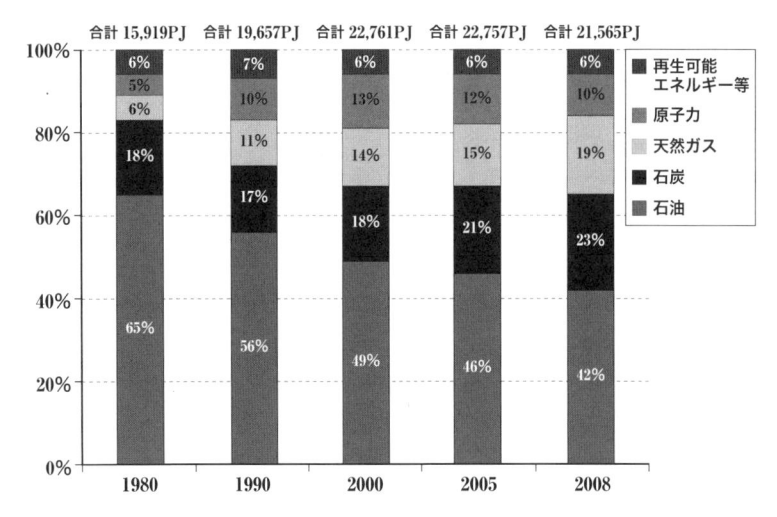

年	石油	石炭	天然ガス	原子力	再生可能エネルギー等	合計
1980	65%	18%	6%	5%	6%	15,919PJ
1990	56%	17%	11%	10%	7%	19,657PJ
2000	49%	18%	14%	13%	6%	22,761PJ
2005	46%	21%	15%	12%	6%	22,757PJ
2008	42%	23%	19%	10%	6%	21,565PJ

我が国の再生エネルギー等のこれまでの導入推移（一次エネルギー供給ベース）

（注）「再生可能エネルギー等」の「等」には、廃棄物エネルギー回収、廃棄物燃料製品、廃熱利用熱供給、産業蒸気回収、産業電力回収が含まれる。
（出所）資源エネルギー庁「総合エネルギー統計」をもとに作成

再生可能エネルギーの特徴として、利用の持続可能性に加えて、エネルギー源の多様化による輸入依存度の低減、利用時の環境負荷が小さいといった点が着目されている。さらに、例えば、太陽光発電の飛躍的普及に伴う太陽光発電関連産業の育成、国際競争力強化といったように、再生可能エネルギーの飛躍的普及による我が国の環境関連産業の育成・強化や雇用の創出にも寄与するという経済対策としての効果も期待されている。

　次節からは、新エネ法に基づく10種類のエネルギーについて解説する。

第2章

日本の新エネルギー

第1節　新エネルギー──太陽光発電

　シリコン・ガリウム・ヒ素・塩化カドミウムなどから、Ｐ型とＮ型の半導体を作り、ＰとＮを結合する。その接合面に太陽光を当てると、光子が吸収されて、一対の電子と正孔（荷電子帯中の電子の抜けた孔で、正の電荷を持った粒子として取り扱われている）ができる。電子はＮ型領域へ、正孔はＰ型領域へ引き寄せられるためＮ型領域は負に、Ｐ型領域は正に帯電して大きな起電力を生じ、両極の電極を接続すれば電流を取り出すことができる。

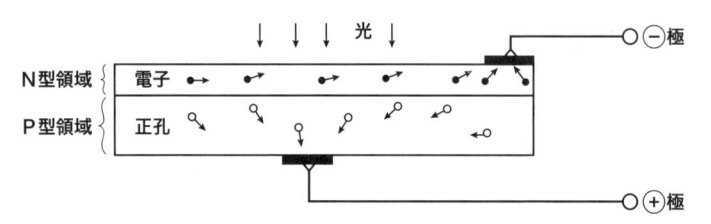

　太陽電池は、その構成単位によって「セル」「モジュール」「アレイ」と呼び方が変わる。

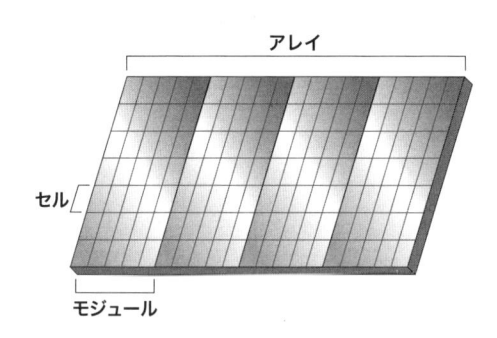

セル
太陽電池の基本単位で、太陽電池素子そのものをセルと呼ぶ。

モジュール
セルを必要枚配列して、屋外で利用できるよう樹脂や強化ガラスなどで保護し、パッケージ化したもの。このモジュールは、太陽電池パネルとも呼ぶ。

アレイ
モジュール（パネル）を複数枚並べて接続したものをアレイと呼ぶ。

例えば3.15kWの太陽光発電を設置すると、年間、二酸化炭素1239kgの削減効果があり、自宅に3470m^2（1050坪）の森林を作ったのと同じ効果があり、立派なカーボンオフセットになる。

太陽光発電の性能を比較するとき、「モジュール変換効率」という言葉を使う。このモジュール変換効率とは、1m^{2}当たりどれくらい発電できるかというもので、1000W（太陽光エネルギー）を100％とした場合のパーセントになる。例えば、1m^{2}当たり150Wの電気を作れるとしたら、モジュール変換効率は15％ということになる。

太陽光発電パネル（モジュール）の性能を比較する時、メーカーや製品ごとにパネルのサイズが違うので、1m^{2}当たりの発電量で比較することが重要である。仮に6畳（約10m^2）ほどの広さにモジュール変換効率15％のパネルを敷き詰めたとすると、1500Wの電気を発電することができる。システムの容量を表すときに「○○kWシステム」という表現をするが、この場合はシステム容量1.5kWということになる。この数字は太陽光エネルギーを100％受けた場合であるので、常にこれだけ発電するわけではなく、条件が最高に良いとき（南向き30°傾斜で設置、快晴、夏至に近い正午前後、低温時）にこれだけ発電しますということである。

太陽は一日中出ているわけではないし、季節によって日射量も異なる。さらに天候も刻々と変化する。実際の発電量は出力×時間（kWh）になるので、日射量を考慮して計算しなければならない。日々の日射量はめまぐるしく変化するが、年間を平均すると大きくはぶれない。平年を100％とした場合にほぼ±5％の範囲で収まる。この年平均日射量は地域別に統計があり、システムの容量がわかれば、概ね年間の発電量を予想することができる。

先の1.5kWシステムを東京の日射量で考えてみると、年間約1700kWhの電気を作ることができる。一般家庭（オール電化ではない）の年間消費電力が、約4000kWhと言われているので、システム容量3.5kW（広さにして約14畳）の太陽光発電を導入すれば、年間消費電力を太陽光発電でほぼカバーすることができる計算になる。

　住宅用太陽光発電システムで最も重要な構成機器は、太陽光発電パネル（太陽電池）とパワーコンディショナーの2点である。その他に、売電メーター、接続箱（昇圧回路）、ケーブル、架台、発電モニターなどが必要になるが、主役は太陽光発電パネルとパワーコンディショナーである。

　太陽光発電パネルは、太陽の光を電気に変える役割するが、発電される電気は直流である。家庭で使われている電気は交流なので、直流を交流に変換する必要がある。また、発電した電気は、まず家庭内の消費に回され、余っていたら売電メーターを通じて電力会社へ流す。もし、家庭内の消費が多い場合は、買電メーターを通じて電気を購入する。これらの仕事を一手に行うのがパワーコンディショナーである。パワーコンディショナーはこれらの仕事を全て自動で行うので、まったく操作することはない。

　太陽光発電の発電コストは1kWhあたり46-49円にものぼり、一般的な

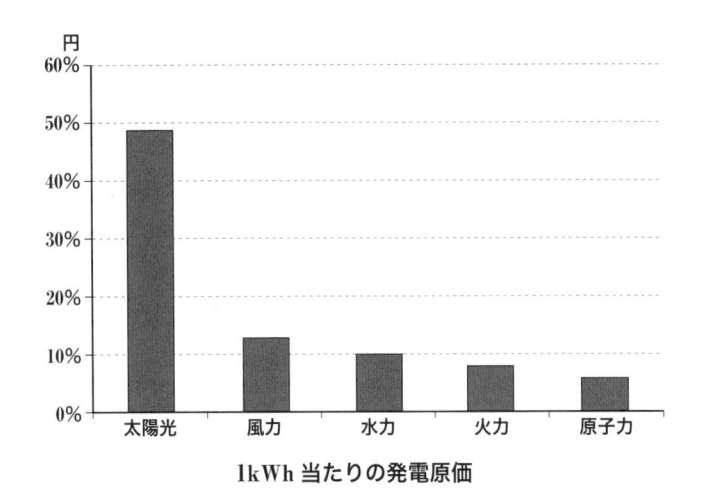

1kWh当たりの発電原価

（出所）『環境白書』（2010）より算出

火力発電の約 7 倍である。この高いコストこそが普及を妨げる要因となっている。この課題に対し政府は、新たな買取制度などによる「需要拡大」と「技術革新」の相乗効果によってコスト低減を促進させ、3-5 年で 1kWh あたりの発電コストを現在の半額、約 24 円（現在の家庭用電力料金と同程度）にまで下げることを目指している。

2009 年より、太陽電池を使って家庭で作られた電力のうち自宅で使わないで余った電力を、1kWh あたり 48 円（2010 年度の値段で毎年変わる）で 10 年間電力会社に売ることができるようになった。買取りにかかった費用は、電気を利用する国民全員で負担する「全員参加型」の制度となる。この制度により日本の太陽光発電導入量を拡大することで、エネルギー源の多様化に加えて、温暖化対策や経済発展にも大きく貢献できるものと期待されている。

太陽光発電は、シリコン半導体等に光が当たると電気が発生する現象を利用し、太陽の光エネルギーを太陽電池（半導体素子）により直接電気に変換する発電方法である。その導入量は、近年着実に伸びており、2007 年末累

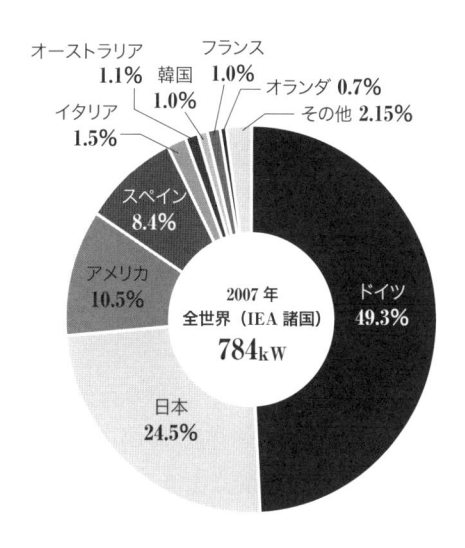

太陽光発電導入量

2007 年 全世界（IEA 諸国） 784kW

- ドイツ 49.3%
- 日本 24.5%
- アメリカ 10.5%
- スペイン 8.4%
- イタリア 1.5%
- オーストラリア 1.1%
- 韓国 1.0%
- フランス 1.0%
- オランダ 0.7%
- その他 2.15%

（出所）『環境白書』(2010) より算出

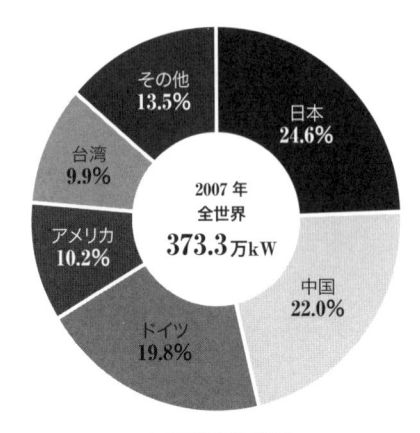

太陽電池生産量

- 日本 24.6%
- 中国 22.0%
- ドイツ 19.8%
- アメリカ 10.2%
- 台湾 9.9%
- その他 13.5%

2007年 全世界 373.3万kW

（出所）『環境白書』（2010）より算出

　積で192万kWに達している。世界的に見ると、日本は2004年末まで最大の導入国であったが、ドイツの導入量が急速に進んだ結果、2005年以降はドイツに抜かれて世界第2位となっている。しかし日本は太陽電池の生産量では世界でトップの地位にあり、2007年末時点では世界の1/4を日本企業が生産している。

　2000年まで、ヨーロッパ全体よりも、日本の太陽光発電量が多かった。2005年に新エネルギー財団（NEF）による助成が終了して以降、2007年まで国内市場は縮小した。日本のシェアは減少し、世界一の座から転落した。ドイツが太陽光導入量で世界一になった理由は二つある。一つは公的な助成金に基づく電力会社による高い買電価格の設定である。いまひとつは米国などで取られているようなクリーン電力の発電業者に対する減税や免税措置である。

　ドイツでは、太陽光発電促進のために、2000年から他国に先行して極めて優遇効果の高い「feed-in tariff」と呼ばれている電力買取料金が適用になっている。この制度によると、太陽光発電を導入して電力会社に売電すれば、20年間の固定収入が保証されるこの制度を日本は真似て10年間固定買取を2009年から実施している。

　この助成措置が奏功して、ドイツでは太陽光発電の導入が飛躍的に進み、

その総発電能力は世界の太陽光発電能力の50%に達している。そして現在ドイツ全体の総発電量の1%にしか過ぎない太陽光発電は、将来総需要の30%を占めるまでに拡大すると予測されている。

第2節　新エネルギー―風力発電

「風の力」で風車をまわし、その回転運動を発電機に伝えて「電気」を起こす。風力発電は、風力エネルギーの約40%を電気エネルギーに変換できる比較的効率の良いものである。

日本では、安定した風力（平均風速6m/秒以上）の得られる、北海道・青森・秋田などの海岸部や沖縄の島々などで、440基以上が稼動している。

風力発電を設置するには、その場所までの搬入道路があることや、近くに高圧送電線が通っているなどの条件を満たすことが必要である。

「風の力」で風車をまわし、その回転運動を発電機に伝えて「電気」を起こす。「風力エネルギー」は風を受ける面積と空気の密度と風速の3乗に比例する。

風を受ける面積や空気の密度を一定にすると、風速が2倍になると風力エネルギーは8倍になる。風車は風の吹いてくる方向に向きを変え、常に風の力を最大限に受け取れる仕組みになっている。

台風などで風が強すぎるときは、風車が壊れないように可変ピッチが働き、風を受けても風車が回らないようになっている。

風力発電は、風の運動エネルギーの約40%を電気エネルギーに変換できるので効率性にも優れ、また大型になるほど格安になる（規模のメリットが働く）ため、大型化すれば発電のコスト低減も期待できる。

当初、風力発電といえばその施設のほとんどは、電力会社や公的機関による研究用やデモンストレーション用のものであった。しかし、現在では電力会社に対して売電が可能になったことや、設備の低コスト化が進んだため、商業目的での施設が全国各地に増え始め、風力発電の導入量は急激に増加している。

地域別に見ると、風況に恵まれた北海道、東北、九州地方への設置が大半を占めている。風力発電については、近年、RPS法の施行、系統連系技術要件ガイドラインの整備により、発電した電力を電力会社に売ることが可能

日本における風力発電の推移

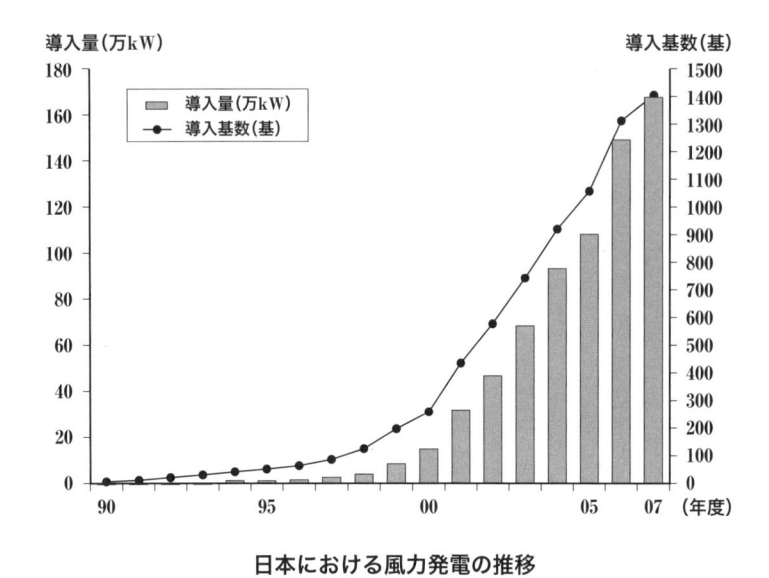

（出所）『環境白書』（2010）より算出

となったため、売電事業を目的として設置されたものも増えている。また、風力発電用機器の大型化、事業規模の拡大を行うことにより、設置コストや発電コストも大幅に低下させることができる。

RPS（Renewable Portfolio Standard）法とは、2003年4月に施行された「電気事業者による新エネルギー等の利用に関する特別措置法」のことをいう。このRPS法は、電気事業者に新エネルギー等から発電される電気を一定割合以上利用することを義務づけ、新エネルギー等の一層の普及を図るものである。対象となる新エネルギーは、太陽光発電、風力発電、バイオマス発電、中小水力発電（水路式で出力1000kW以下）、地熱発電が対象となっている。

日本の風力発電導入量は、2007年12月末時点で世界第13位となっている。これは、日本は欧米諸国に比べて平地が少なく地形も複雑なこと、電力会社の系統に余力がない場合があること等の理由から、風力発電の設置に適した地域が少ないといった事情がある。また、出力の不安定な風力発電の大規模導入に伴って、それが周波数変動等の電力系統の品質を悪化させる可能

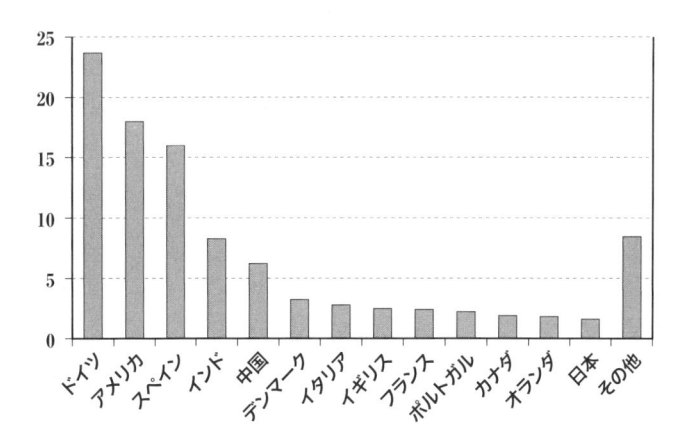

2007 年末における総風力発電 9383 万 kW に占める割合

(出所)『環境白書』(2010) より算出

性が指摘されており、出力不安定性の克服や系統の強化課題となっている。そして、これらの課題を克服するために、蓄電池を併設する風力発電施設の設置も進められている。

　風力発電と言えば3枚羽のプロペラ型のみを想像しがちだが、下図右のような小型のサボニウム型などもある。下図左は、地図上の風力発電機の印である。

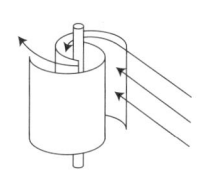

　中・大型の風力発電の設置には大きな費用と時間が必要になる。そうしたなか注目されているのが「グリーン電力証書システム」や「市民風車」の取り組みである。「グリーン電力証書システム」は、風力をはじめとする自然エネルギーから発電された電力の環境的付加価値（＝グリーン電力証書）を企業や団体が購入することによって、自らが直接設備投資をしなくても、省エネルギー・環境保全に貢献できる制度である。すでに90を超える企業・

自治体が環境貢献策として採用しており、CO_2 排出量取引への応用も注目が集まっている。

　一方、「市民風車」は、一般市民から出資を集めて建設した風力発電所のことでその売電益は毎年出資者に還元されるしくみになっている。2001年9月、北海道浜頓別町にて運転を開始した国内の市民風車第1号「はまかぜ」は、建設費用2億円のうち、約8割が市民からの出資と「NPO法人北海道グリーンファンド」に集まったお金でまかなわれ、大きな注目を集めた。これを皮切りにわが国でも市民風車の取り組みは徐々に広がり始め、2006年末現在では9基（定格出力計12640kW）の市民風車が稼動している。

　風力発電のなかでも、特に売電を目的に中・大型の風車を設置するにあたっては、風況のよい場所を選ぶことが前提になる。その目安は年間平均風速6m/s以上とされているが、そのほかにも、台風や落雷、風の乱流発生度の影響や、地盤の強度などについても事前にしっかり調査しなければならない。また、ブレードやタワーなど大型の装置を運搬できる道路があるかどうか、送電線が近くにきているかなども導入の際に必要となるチェック項目である。さらに、風力発電の適地は自然環境に恵まれているケースが多いことから、景観や生態系への影響への検討も必須となっている。また、小型風車ではビル風などが利用できる場合もあり、設置場所の選択は広がる。小型風力発電機のなかには、太陽光発電のソーラーパネルを搭載したハイブリッド型システムの装置がある。風力発電は風が吹かない時、太陽光発電は曇りや雨の日夜間は発電することができないが、ハイブリッド型はそうした互いの負特性を補い合うことができる効率のよいシステムである。すでに街路灯や防災通信用電源などに採用されているが、今後は、看板照明やショーウィンドウの夜間照明、カーショップ、ガソリンスタンドなど、さらに用途が広がることが期待されている。中・大型風車に比べ、立地や風況などの条件がゆるやかで、メーカや代理店も多い小型風車は、中小企業や商店、個人宅などで比較的容易に導入することができる。その具体的な用途例としては、独立してエネルギーを得られることから、山小屋や無線中継基地の電源としてや、農場の灌漑ポンプや井戸水汲み上げの駆動動力として使われることが多くなっている。また、都市部においては、非常電源や街灯、公園、個人宅での使用などの用途として設置されており、モニュメントや風力啓発教材用な

どに利用されることも増えている。
　風力発電の導入に際しては、国や地方自治体のさまざまな助成制度や優遇制度がある。企業などが風力発電を導入する場合の流れは次のようになる。

立地調査
- 設置候補地の風況データの収集
- 地理的条件の調査（自然環境・社会条件など）
- 風車導入規模の想定

風況調査
- 風況観測
- 風況特性、エネルギー取得量の評価
- 経済性の概算検討

システム設計・風車規模や配置の決定（容量、台数など）
- 風車の機種の選定
- 各種環境条件の評価
- 基礎工事、電気工事などの設計
- 経済性の詳細検討（資金調達、助成金など）

導入・設置
- 各種申請手続き
- 設置工事
- 試運転、調整

運転開始
- 電気設備、風車の保守点検

　しかし、風力発電には多くの問題を抱えている。巨大風力発電機が計画されている地域では反対運動がおこることもまれではない。現在、風力発電は我が国においては岐路に立たされているといっても過言ではない。

（1）産業への影響
　日本では山の尾根に風車が建てられる事が少なくない。巨大な風車を運ぶために搬入路の新設、拡張工事により、広大な森が伐採される。普通、搬入路は谷筋から山腹、尾根へと向かう。そして、尾根部分に風車が建てられる。

そのため、大雨により土砂が谷へと大量に流れ出し、川や海を汚染し、漁業資源の貝、魚、海藻などが打撃を受ける。

(2) 景観の破壊

巨大な構築物は景観を破壊する。これには主観的イメージが伴うが、風光明媚な山頂に風車が立ち並ぶのを見て、美しい景観と思う人は少ないであろう。観光地では観光業への影響が考えられる。

(3) 国民への税負担

風力発電は国の推進事業として行われる。建設は約1/3が補助金で賄われる。寿命は17年しかなく、強風、台風、落雷などで損壊することがしばしばある。撤去には莫大な費用がかかる為、放置されるおそれがある。

(4) 騒音・低周波音健康被害

今最も問題になっているのがこの騒音・低周波音健康被害である。風車が建設されると、24時間鳴り響くモーター音、風切り音に悩まされることになる。愛媛県伊方町では、風車近隣（200m以内）に住む人は、騒音、低周波音の影響で眠れない日々を過ごし、多数の人が健康被害を訴えた。愛知県豊橋市の人たちも同じような被害を訴え、「生殺しの状態」と苦しみを表現している。これらは、聴こえる音（騒音）と聴こえにくい音、あるいは聴こえない音（低周波音・超低周波音）が入り混じった音による被害である。症状は、睡眠障害をもとに頭痛、耳鳴り、吐き気、抑うつ、不安、腹・胸部の圧迫感、肩こり、手足の痺れ、動悸、顎の痛み、脱毛、ストレス、脱力感など、自律神経失調症状に似ている。

ペットの犬や猫にも影響が出ている。犬は、夜中吠え続け、室内を駆け回ったり、壁をかきむしったりする被害も訴えられている。

(5) 動植物のへの影響

バードストライクが最もよく知られている。つまり鳥が羽に巻き込まれる犠牲である。愛知県豊橋市では海岸近くに風車があるが、その近くではキスやボラがいなくなってしまった被害も報告されている。その海岸は砂浜で、

海がめが産卵期に上陸する場所だったが、それも見られなくなったという。しかし、1km 以上離れた場所ではそのようなことはなく、低周波音は浅い海では海中まで影響を及ぼす可能性が考えられている。

(6) 強風、落雷、台風による破損の危険

風力発電機の寿命は約 17 年であるので、強風によって破損した場合、風向きによっては 500m くらいまで破損物が飛散することがあり得、危険である。

(7) 水源、水質の汚染

土砂による水の汚れは、水源に影響を及ぼし、地下水が汚染され、湧き水が安全に飲めなくなるおそれがある。

以上のように風力発電は日本では大きな問題をはらんでいることがわかる。

第3節　新エネルギー——バイオマス熱利用・バイオマス発電・バイオマス燃料製造

バイオマスとは、動・植物などの生物資源の総称で、化石資源と比較すると短いサイクルで自然再生が可能な資源と言うことができる。身の回りにあるバイオマスとしては製材木屑、家畜排泄物、農業残渣、生ゴミなどの廃棄物が主体である。

バイオマスエネルギーには、木質燃料、バイオガス、バイオエタノール、バイオディーゼルなどさまざまな種類がある。

(1) 木質燃料

製材工場から出る製材廃材、木造家屋を解体した際に発生する建築廃材、林業で発生する林地残材、未利用間伐材などが主なものだが、そのほか農業や造園業から発生する剪定枝や、ダム・河川管理で問題となっている流木なども木質系バイオマスである。乾燥させペレットやチップなどの木質燃料としてバイオマス熱利用するほか、これを燃焼させ蒸気を得て蒸気タービンで発電することもできる。

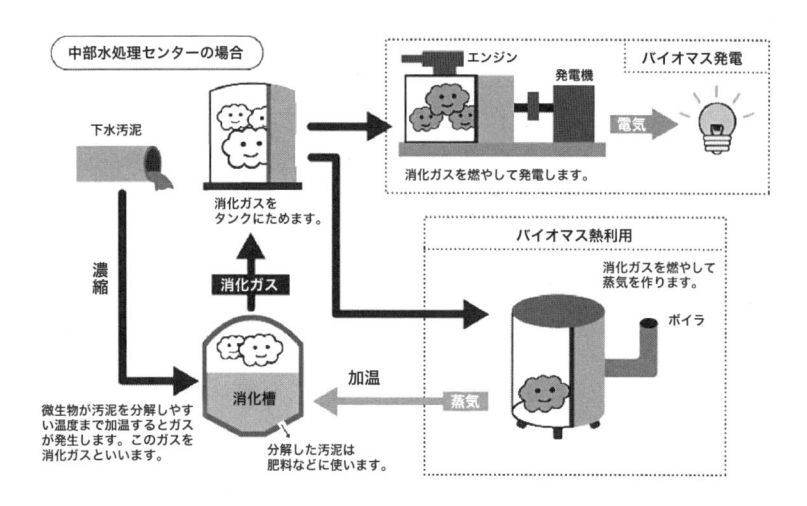

福岡市中部水センターにおける下水汚泥のバイオマス熱利用とバイオマス発電の例

（注）　消化ガスとはメタンガスのことである。
（出所）福岡市下水道局のHPより
　　　　http://kankyo.city.fukuoka.lg.jp/shinene/contents/energy03.html

(2) バイオガス

生ゴミなどの有機性廃棄物や、家畜の糞尿、下水汚泥などを嫌気性発酵させて得られる可燃性のメタンを主成分とするガス。バイオガスを燃焼してバイオマス熱利用すると、CO_2よりはるかに地球温暖化効果の大きいメタンの大気中への自然放散が減り温暖化防止対策にもなる。メタンをガスエンジンで燃焼させて発電も可能である。発酵処理後に残る消化液は、液肥と呼ばれる有機肥料として農場に還元することができる。

木質燃料とバイオガスは、バイオマス熱利用とバイオマス発電の両方に利用される。次に汚泥によるバイオマス熱利用とバイオマス発電の具体例を示す。

(3) バイオエタノール（バイオマス燃料製造）

バイオ燃料には、バイオエタノールとバイオディーゼル油（BDF）があります。バイオエタノールは、サトウキビ、トウモロコシ、木質バイオマ

スなどの植物性資源から発酵させて作るアルコールの一種である。ガソリンに3%ほど混ぜて自動車燃料として使うことができる。公用車を中心に民間でも使用されている。また、現在は、サトウキビ等糖質・でんぷん質を原料としているが、近年では、木質系バイオマス等セルロース系の原料からエタノールを作る研究も進められている。

　日本では燃料製造のための植物栽培はあまり活発ではなく、大半が生産過程から出てくる廃材や食用に供せない規格外品を利用した燃料製造である。またトウモロコシを利用した製造は現時点ではない。バイオエタノールは、植物資源をアルコール発酵させてできるエチルアルコールである。天然ガスや石油などの化石燃料からつくる合成エタノールと区別してこう呼ばれる。植物は、大気中から二酸化炭素（CO_2）を吸収する光合成を行って成長するため、燃やしてCO_2を排出しても、大気中のCO_2総量は増えない「カーボンニュートラル」とみなされる。京都議定書では、バイオエタノール利用によるCO_2排出は、排出量としてカウントされないことになっているため、ガソリンに混ぜて自動車用燃料として使用すればCO_2削減につながる。

　バイオエタノールの普及にあたっては、ほぼ100％を石油に依存してきた運輸部門の石油依存度を低減することが重要である。石油政策小委員会（経済産業省）は2006年5月、今後の石油政策のあり方に関する提言を公表した。その中で、2010年度までに原油換算で21万kLのバイオエタノールを導入することや、現在は3％であるバイオエタノールの混合率上限を、2020年頃を目途に、10％程度まで引き上げるための対応を自動車産業界に促すとしている。

　政府は、2008年7月に閣議決定した「低炭素社会づくり行動計画」の中で、バイオエタノールの生産と輸送用燃料への利用を図るとしている。また、環境省の検討会が2009年2月にまとめた「低炭素社会構築に向けた再生可能エネルギー普及方策について」では、再生可能エネルギー燃料政策について、輸送用バイオ燃料などの普及拡大を地域特性に応じて進めていくことを提言。燃料としてガソリンにバイオエタノールを3％まで混合した現行の「E3」を、同じく10％まで混合したより「E10」にするなど、バイオ燃料を高濃度で利用することのできる環境整備を進めていくべきであるとしている。

　植物資源を原料とするバイオエタノールは、化石燃料のように枯渇する

心配がない一方で、食料や飼料として利用できる作物を原料にすると、食とエネルギーの間で資源配分のバランスが崩れ、争奪戦が起きるという問題がある。世界のバイオエタノール生産量は 2007 年時点で約 6400 万 kL。1 位のアメリカではトウモロコシが、2 位のブラジルではサトウキビが主な原料になっている。バイオエタノールやバイオガソリン、バイオディーゼル（BDF）などのバイオ燃料の普及にあたっては、環境や食料へのいっそうの配慮が求められる。

ところでバイオガソリンには 2 通りがある。日本では、バイオ ETBE（エチルターシャリーブチルエーテル）を配合したバイオガソリンと、3% のバイオエタノールを混合する E3 バイオガソリンのふたつの計画が進行している。ふたつの方式で進められている背景には、石油業界主導の ETBE 方式と、政府主導の E3 方式の対立があるためである。石油業界は、E3 方式を普及させるための設備改造費が膨大になるという。また、E3 方式は水に弱く、光化学スモッグの原因になりかねないとして、ETBE 方式を強く推奨している。しかし、海外ではガソリンにバイオエタノールを混合する方式が主流であり、10% 混合した E10 を始め、ブラジルでは 100% バイオエタノールで利用しているケースもある。

・石油業界　…………ETBE 方式
・政府（環境省）………E3 方式　※海外ではこちらが主流

日本政府は、具体的な目標数値としては、2010 年に原油換算 50 万 kL のバイオ燃料を輸送用燃料に導入することとし、このうち 21 万 kL 相当分のバイオ燃料導入を石油業界に対して要請した。石油業界はこの要請を受けたが、ただしガソリンに直接、バイオエタノールを混ぜるのではなく、ETBE に変換して混合すること表明している。ETBE の化学反応式は次のように表される。

$$C_2H_5OH(エタノール) + C_4H_8(イソブテン) \rightarrow C_2H_5OC(CH_3)_3(ETBE)$$

ETBT は、もともとハイオクガソリンに入れられていたアンチノッキング剤であるので石油会社にとっては都合がよく、自動車会社にとっても車の性能が落ちない、あるいは上がるので都合がよいわけである。また、ETBE は、化学物質の審査及び製造等の規制に関する法律（化審法）においては、第二種監視化学物質である。すなわち、生分解性は難分解性であるものの生

体内の高蓄積性はなく、変異原性および生態毒性は陰性である。石油連盟は、ETBE の安全性の確認との観点から、ETBE の発がん性に関する試験を独自事業として平成 18 年度から 4 カ年間の予定で実施することを決定し、石油産業活性化センターに委託した。その結果、発がん性に関しては特に問題はないという結論が得られている。

　これに対して政府（環境省）が推進している、バイオガソリンの普及方法が E3 方式である。E3 方式とは、ガソリンに対して 3％のバイオエタノールを混合する方法で、海外には 10％を混合させた「E10」や、ブラジルで主流となっている「E20」「E25」などもある。E3 方式のメリットは、将来的に混合比率を上げることができるなど「柔軟に対応できること」や、バイオ燃料を「加工無しに利用できること（ガソリンと混ぜるだけ）」、ブラジルで普及した実績から「データが十分にあること」などが挙げられる。また、E3 方式のデメリットには、バイオエタノールは水分と結び付きやすく燃料と一緒に「水がエンジンにまで入ってしまう」こと、バイオエタノールが「ガソリンを蒸発させやすくする」こと、「ガソリンスタンドの改良設備投資が膨大になること」などが挙げられる。

　2007 年の 8 月から、政府主導の E3 方式による、バイオガソリンの普及事業がスタートした。残念なことに石油業界の協力が得られなかったため、団体に加入していない企業「中国精油株式会社」と環境省の補助を受けた企業「バイオエタノール・ジャパン・関西」が協力して E3 方式バイオガソリンの生産を行った。国内事情を反映してか、バイオエタノール・ジャパン・関西が製造するバイオ燃料は、廃材を元に精製するバイオエタノールであった。住宅を解体して発生する建材や、古紙など、木製の原料を元に糖分を含む分解液を取り出し、微生物で発酵させてエタノールを作る。また、発酵の際に栄養補給に大豆の絞り粕である「おから」を使用した。沖縄の宮古島では沖縄糖蜜から、伊江島ではサトウキビからバイオエタノールを作り、E3 を製造するパイロットプラントが稼働している。ただし、バイオエタノール・ジャパン・関西や沖縄の生産能力には限界があり、2010 年度の目標供給量の 1/10 程度しか、E3 方式のバイオ燃料を製造できなかった。

　2010 年において、バイオエタノールから作った ETBE 入りのガソリンを発売しているガソリンスタンドは 1000 カ所を突破している。これに対し

て、E3 は約 20 カ所となっている。

　将来的に生産工場を増やすのか、ETBE 方式で補うのか未定だが、国内で普及させるためには、政府と石油業界が一丸となって取り組むしかない。

(4) バイオディーゼル（BDF）（バイオマス燃料製造）

　バイオディーゼル（BDF）は、植物油の資源化技術のひとつ。製造のしくみが簡単で大規模なプラントを必要としない。軽油に5％ほど混ぜてディーゼル車用燃料として使うことができる（実証試験では5％以上の濃度で使っている例もある）。また、廃食用油を原料とすることができるため、地域の廃食用油回収運動と結びついているという特徴もある。

　菜種油・ひまわり油・大豆油・コーン油といった生物由来の油や、各種廃食用油（てんぷら油など）から作られる、軽油代替燃料（ディーゼルエンジン用燃料）を総称して、バイオディーゼルという。BDF（Bio Diesel Fuel）と略されることもある。植物は、大気中から二酸化炭素（CO_2）を吸収する光合成を行って成長するため、バイオディーゼルはその燃焼によって CO_2 を排出しても、大気中の CO_2 総量が増えないカーボンニュートラルである。京都議定書では、植物由来の CO_2 排出は、排出量としてカウントされないことになっている。

　ディーゼルエンジンは、燃費が良く耐久性に優れているため、特に貨物輸送を担うトラックなどに向いているが、日本国内では、大気汚染の移動発生源として厳しい規制が行われてきた。バイオディーゼルは、従来の軽油に混ぜてディーゼルエンジン用燃料として使用できるため、CO_2 削減の手段として注目されている。また、硫黄酸化物（SO_x）の排出も少ない。

　日本では、バイオディーゼルの普及に向けて、市民・事業者・行政の協働によるさまざまな取り組みが先行して進められてきた。たとえば、休耕田や転作田で菜の花を栽培して菜種油を生産して食用油として利用し、その廃食用油を回収してバイオディーゼルにして利用する「菜の花プロジェクト」は、1998 年滋賀県東近江市から始まり、2006 年 2 月現在、全国 102 カ所で実施されている。また、京都市では、1997 年の地球温暖化防止京都会議の開催にあたり、全国に先駆けて廃食用油を原料としたバイオディーゼルを約 220 台のごみ収集車全車に導入。2001 年からは市バスへの活用も開始した。

2004年には廃食用油燃料化施設が稼動を開始し、年間約150万Lのバイオディーゼルを製造している。また、ディーゼル自動車による大気汚染の撲滅に取り組んでいる東京都では、2007年から都バスにバイオディーゼルを導入している。

一方、政府は、2005年4月に閣議決定した「京都議定書目標達成計画」で、輸送用燃料におけるバイオマス由来燃料の利用目標を50万kL（原油換算）とし、2006年3月閣議決定の「バイオマス・ニッポン総合戦略」では、バイオマスの輸送用燃料としての利用に関する戦略を明記した。そして、バイオマス・ニッポン総合戦略推進会議は、2007年2月に公表した「国産バイオ燃料の大幅な生産拡大」の中で、2030年ごろまでに国産バイオ燃料の大幅な生産拡大を図り、バイオディーゼル燃料については同年度にエタノール換算で10-20万kL（原油換算6-12万kL）を生産できる可能性があるとしている。その原料については、家庭から排出された廃食用油等の食品廃棄物のほかに、食品廃棄物や家畜排せつ物等からのメタンガス等によるガス燃料も想定している。

欧州では、各自動車メーカーが、燃費が良くて耐久性にすぐれたディーゼルエンジン車の技術開発に力を入れており、高い評価を得ている。普及台数も伸びていて、2003年には新車登録台数の約44%にまで達している。バイオディーゼルの需要は、世界的なディーゼル用燃料不足と価格高騰などの影響により、急激に伸びている。EUでの2005年の生産量は約290万tで、これは2004年比64.7%の増加であった。バイオ燃料に対する税制優遇措置がとられたドイツでの生産量が最も多く、2005年ではEU全体の生産量の約52.4%を占め、前年比61.3%の伸びであった。一方、欧州におけるバイオディーゼルの原料は約80%が菜種であるため、菜種の価格が上昇することがある。このため、食料や飼料として利用できる資源を原料とすることは、食とエネルギーの間の資源配分の観点から問題になるという意見もある。

企業などがバイオマスエネルギーを導入するときには次のような流れになる。

計画・立案
バイオマスエネルギーの導入は、その規模やエネルギー資源の種類によって異なるが、計画立案の段階でおおよそ以下のことを検討する必要がある。

- 導入目的と必要性の確認
- 外的要因（法規制、支援制度、技術動向など）
- 内的要因（供給可能なエネルギー資源量、立地場所、経済性、リスク要因など）

調査

導入する場所の立地環境にもよるが、あらかじめ環境に対する影響調査も行いその影響を予測する必要がある。
- 大気汚染、水質汚染、騒音、悪臭、振動など

実施設計

以上のプロセスを経た後に、具体的な実施設計を行い導入を進めていく。また、この段階で関連する法規制については、すべてクリアしておく必要がある。

設置工事

工事計画に基づき実施する。許認可が必要な工事に関しては専門の企業にまかせるだけではなく、きちんとしたリストに基づきチェックする。

試運転調整

運転・保守

第4節　新エネルギー——中小規模水力発電

初めて水力発電による電気の明かりが灯ったのは、今から110年以上も昔、明治20年代、その時代に建設された仙台の三居沢発電所や京都の蹴上発電所などは、今も電気を造り続けている。このように水力発電は、長期間にわたり発電可能であるばかりでなく、再生可能・純国産・クリーンな電源でもあり、我々が、子供達の世代に贈る大切な宝物といえる。

110年以上にわたる水力発電の歴史の中で、果たす役割も時代背景に応じて変化してきた。オイルショック以前は急速に増大する電力需要をみたすために大規模発電を中心に、オイルショック以降は石油に替わる貴重なエネルギーの一環として、また、電力消費のピークに対応するためには揚水発電と、まさに時代の要請として開発されてきた。現在では、大規模開発に適した地点の建設はほぼ完了し、21世紀は中小規模の発電所の開発が中心とな

る。中小規模といってもその平均的出力は約 4500kW、この規模の水力発電所は 4 人家族で約 1500 世帯（1 世帯当たり 30A として）もの電気に相当する。我が国は、豊富な水資源に恵まれ、これら中小規模の開発に適した地域はまだまだ残されており、その開発は貴重な国産エネルギーの確保という面から、大きな力を発揮する。

さらに、大いなる自然の恵み"水力"の利用は発電のみに留まらず、水力発電を核に地場産業の創出・活性化に努めている市町村もあり、地域の自立的な発展に役立つ大きな可能性を秘めている。

水力発電は 110 年以上にわたる土木・電気技術および環境対策技術に立脚した人と自然に優しいエネルギーといえる。

21 世紀の水力開発は、地球環境問題の解決等の様々な観点から、まさに時代の要請として行うべきであろう。

水力発電は、落ちてくる水の勢いで水車を回転させて発電する。雨水や雪どけ水を利用するので燃料が不要で、発電するときに CO_2 を出さないクリーンな発電方式である。大規模な発電所建設の際に膨大な費用がかかることや、自然破壊などの問題があるが、最近は中小河川や農業用水を利用した小水力発電が注目されている。2008 年には新エネ法が改正され、水力発電（1000kW 以下に限る）が新エネルギーに追加された。

落ちてくる水の勢いで水車を回転させて発電する水力発電には、大きく分けて二つのタイプがある。ひとつは、ダムをつくって山間部の川の水を堰き止め、一度川の水を貯蔵して、それを下方の発電所に落として発電させるタイプだ。これには「貯水池式」と「調整池」とがある。これに対して、ダムを建設することなく、川の流れを堰き止めないで、そのまま発電所に送り込むのが「流れ込み式」である。「流れ込み式」は、自然の姿をあまり変えることなく建設できるのがメリットだ。一基あたりの発電電力量は「貯水池式」「調整池」にくらべて大きくはないが、全国で利用できる未利用地点は約 2500 カ所と多く、未開発地点を開発すれば、総発電電力量は「貯水池式」「調整池」よりも多くなると考えられている。中小規模水力発電では、「流れ込み式」がメインとなる。

水力発電は、高いところから落ちる水の力で水車を回し、その回転で電力を発生させるシステムである。水の量が多く、落差が大きいほど大きな電力

が得られる。また、他の電源と比較して短い時間で発電でき、電力需要の変化に素早く対応できるのも大きな特徴である。2003年版「海外電気事業統計」(社団法人海外電力調査会)によると、世界で水力発電設備が多い国はアメリカで、9万5944MW。次いで中国、カナダ、日本、ロシアの順だ。中でも、豊かな水資源に恵まれたカナダは、総発電設備11万1301MWのうち、水力発電設備が6万7407MWと約6割を占めている。また、北欧のスウエーデンも、発電設備容量の約5割が水力発電である。

日本の法律では、1000kW以下と1000kWを超える水力が明確に区分されている。

1000kW以下の水力発電は、新エネルギー法により、「新エネルギー」に認定されているので、設置に補助金が得られる。RPS法では、1000kW以下

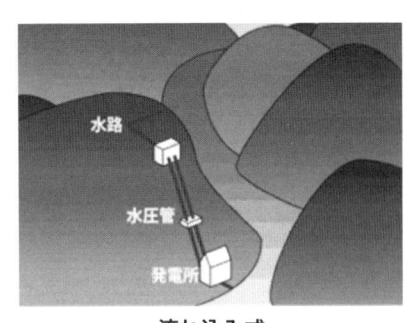

流れ込み式

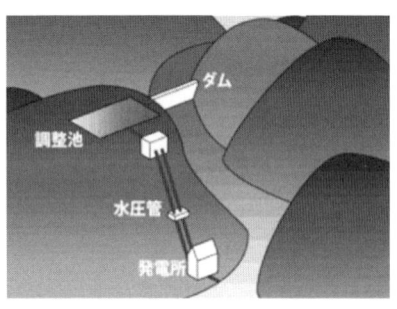

調整池式

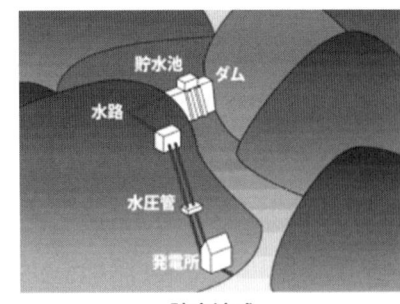

貯水池式

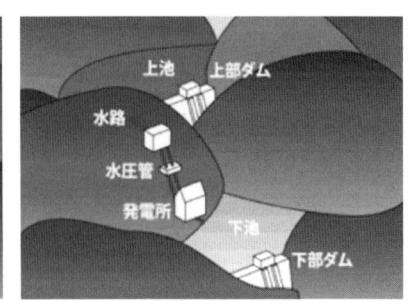

揚水式

(出所) 東京電力群馬支店HPより
　　　http://www.tepco.co.jp/gunma/hydro/shikumi/shiku1-1-j.html

の水力発電は、RPS 法の対象となっているので、発電電力が電力会社に買い取ってもらえる。

　中小規模水力発電の事業主体は、地方自治体、土地改良区、NPO、民間、個人などである。中小規模水力発電の設置場所は、基本的に落差と流量のあるところであれば、場所は問わない。設置が可能な場所は次のような所である。

(1)　一般河川の山間部…中小規模水力発電に適した場所がたくさんある。河川の環境に配慮しながら、エネルギーの有効利用が可能である。

(2)　砂防ダム、治山ダム…これらからの取水、および落差を、利用すると経済的に設置できる。

(3)　農業用水路…これらには落差が大きいが流量は少ない、落差は小さいが流量は多いなど、地点によりそれぞれ異なるが、落差が大きく、流量も豊富な場所も少なくない。数百 kW 程度の発電が可能な地点もある。

(4)　上水道施設…落差が大きいところも多く、小水力発電設備を入れることができる。数百 kW 程度のポテンシャルを持ったところも少なくない。

(5)　下水処理施設…一般的に落差が低いため、あまり大きな発電出力は期待できないが、数十 kW 程度発電できるところもまだまだある。

(6)　小ダム…維持放流水を利用して発電することが可能である。

(7)　既設発電所…使用した水は河川に放流されるが、この間の落差を利用して発電することが可能である。

(8)　ビルの循環水、工業用水…ミニ発電が可能である。

　太陽光発電や風力発電と比較して中小規模水力発電の長所と短所を示す。
長所
・昼夜、年間を通じて安定した発電が可能。
・設備利用率が 50-90％と高く、太陽光発電と比較して 5-8 倍の電力量発電が可能。
・出力変動が少なく、系統安定、電力品質に影響を与えない。

- 未開発の包蔵量がまだまだ沢山ある。
- 設置面積が小さい。(太陽光と比較して)

短所
- 法的手続きが煩雑で、面倒である（特に河川法。大規模水力計画と同じ手続きが要求される場合がある）。地点毎に法的手続きの難易度が異なる（特に河川法）。たとえば 一級河川からの取水と、普通河川からの取水では、その手続きの難易度には雲泥の差がある。特に河川法の許認可手続きには、多大な費用、時間、労力が掛ることがある。
- 農業用水路でも、取水する河川の種別や、既得水利権の種類（許可水利権、または 慣行水利権）で手続きの難易度が異なる。
- 同じ新エネルギーでも、中小規模水力発電に関する一般市民の認知度が低い。

第5節　新エネルギー──太陽熱利用

　人類がもっとも古くから利用してきた太陽エネルギー利用技術のひとつが太陽熱利用である。たとえば日本でも、たらいに水をはり、太陽熱で温まった「日向水」を行水などに利用する習慣があった。戦後は太陽熱を集め給湯や暖房等に使用する太陽集熱器の開発が進み、一般家庭でも積極的に利用されるようになった。

　そして現在、自然エネルギーに対する注目の高まりを背景に、太陽熱利用技術の開発が世界的に進められている。アメリカやオーストラリア、中東、アフリカ北部などの砂漠地域では、太陽熱発電のプラントも建設されている、日本ではより身近に利用できる太陽集熱器の改良が進んでいる。

　太陽の熱エネルギーを給湯や冷暖房に利用する太陽集熱器は、日本では石油危機後の1980年代には研究開発が盛んに実施され、自然循環型・強制循環型等のソーラーシステムが多く開発された。しかし、その後の円高、原油価格の安定化等を背景として、年々導入量が減少し、現在では最盛期の約1/2となっている。

　今、太陽集熱器が再び注目されている理由は、太陽熱利用機器は太陽光発電等と比較してエネルギー変換効率が高いという点にある。太陽の光を半導

体によって電力に変える太陽光発電では、太陽エネルギーの10％程度しか利用していない。しかし、太陽光を熱に変える方式では40％以上のエネルギー利用が可能である。設置費用も比較的安価なため費用対効果の面でも有効な技術である。また、利用用途も給湯や暖房だけでなく、冷房・プール加温・乾燥及び土壌殺菌等への幅広い分野での利用が可能である。

　一般的な太陽集熱器は、熱エネルギーを水に蓄える水式集熱器と空気に蓄える空気式集熱器に分けることができる。

　本節の初めに出てきた中東で行われている太陽熱発電とは、鏡を利用し太陽光を集め、その熱で蒸気を発生させてタービンを回転、発電する発電システムである。このタービンを回転させて発電する方法は火力発電や原子力発電と同じシステムで、大規模発電に適している。また、蓄熱により24時間発電が可能で、エネルギー変換効率も高いため、次世代発電システムとして注目を集めている。

　太陽熱発電の主な方式は二つある。一つは「タワートップ式」と呼ばれ、モーターと鏡を組み合わせた「ヘリオスタット」と呼ばれる装置で集めた太陽光を、タワーの頂上にある集光器に集める。集光器には水やオイルなどの液体がポンプで送られ、太陽熱で加熱される。この熱を利用して水蒸気をつくり、タービンを回す。

　もう一つは「トラフ式」と呼ばれる。横長で曲面状の鏡を一列に並べ、その中央に水やオイルなどを流したパイプを通す。こうすることでパイプに熱を集中させてボイラーに運び、蒸気をつくってタービンを回す。どちらの方式も、ボイラーやタービンのように火力発電で実績のある古くからある技術を採用しているので、安定して稼働するうえ運用コストも安い。

　日本では、政府が太陽光発電の導入量を2020年頃に現状の20倍程度にする目標を掲げ、補助金や電力の固定価格での買い取りといった制度を創設した。こうした状況だけを見ていると、太陽光発電こそが再生可能エネルギーの本命であるかのように見えてしまう。だが、実際は中東を中心に太陽熱発電が脚光を浴び、本命視されはじめている。

　世界で最も注目されているプロジェクトが、北アフリカのサハラ砂漠で進められようとしている。独シーメンスやスイスのABBなど欧州企業12社が結集した「デザーテック」プロジェクトである。サハラ砂漠に巨大な太陽

熱発電所を建設し、直流送電網を使って欧州の都市部に電力を運ぶ。この壮大な計画の総予算は、実に50兆円超に上る。このほか、スペインや米国では、既に数十メガワットクラスの発電所が稼動している。

太陽集熱器で集められた熱エネルギーを利用するシステムとしては、その他に下記のようなシステムがある。

(1) 給湯利用

入浴や炊事など、一般的な給湯に利用する場合は、年間を通して50-60℃の温度が求められる。使用温度が比較的低温であることから集熱効率が高く、太陽熱利用に最も適している。但し、曇天日等で太陽熱を利用できない場合に備えて補助熱源（給湯器等）の設置が必要である。

(2) 給湯・暖房の併用

暖房利用は、集熱器で集めた熱を居住域へ送るだけで比較的簡単に導入することができ、また給湯とセットにすることで年間を通じて太陽熱を利用することが可能である。暖房利用では、利用する時間帯（夜）と集熱時間帯（昼）が常に一致しないので、蓄熱装置を設置する必要がある。なお、給湯利用と同様に曇天日等に対応するため補助熱源の設置が必要である。

(3) 給湯・冷房の併用

集熱器によって集めた太陽熱を吸収式冷凍機などに投入することによって、太陽熱の冷房への利用も可能である。システムは、集熱器・蓄熱槽・補助熱源・吸収式冷凍機等で構成されており、給湯暖房と組み合わせて使用することで夏期の余剰熱を有効に利用して、設備の稼働率を向上させることができる。

但し、吸収式冷凍機を導入することによりシステムが複雑になり、イニシャルコストが増加するので、ランニングコスト低減によるコスト回収等を踏まえた省エネルギー特性を十分検討する必要がある。

太陽熱による吸収式冷凍機について説明する。

冷媒に水を使う。容器に水を半分入れその水の中に冷やしたい空気が入っ

た導管を通す。容器の圧力を下げると水は100℃以下で沸騰する。この時導管内の空気から水が気化熱を奪う。よって空気の温度が下がる。蒸発した水は別の濃臭化リチウム水溶液の入った容器に導かれる。濃臭化リチウム水溶液は水を吸収する性質がある。水を吸収するにつれて臭化リチウム水溶液の濃度が下がり、水を吸収する力が減少する。よって太陽熱を利用して臭化リチウム水溶液を加熱して希釈された臭化リチウム水溶液から水を蒸発させ、臭化リチウム水溶液の濃度が下がらないようにする。これが太陽熱を利用した吸収式冷凍機の原理である。

太陽熱利用技術の導入が考えられる分野は表のとおりである。現時点で導入が進んでいるのは戸建住宅だが、福祉施設、学校、プールなどでの公共分野でも、少しずつ導入されている。しかし、国が太陽熱の導入目標としているのは、2010年度において原油換算90万kLであり、目標達成には産業利用など幅広い導入が期待される。

太陽熱利用技術の利用分野

利用分野	施設等	利用用途
公共分野	福祉施設	給湯、冷暖房、除湿
	公民館、図書館等	給湯、冷暖房、除湿
	学校、体育館	給湯、冷暖房、除湿
	プール	暖房、温水プール加温
	ホテル、旅館	給湯、冷暖房、除湿
産業分野	食品工場、給食センター	殺菌用、洗浄用温水
	畜産（養豚場等）	家畜舎暖房、牧草乾燥
	水産（養殖場等）	飼育用水加温
	林業	木材乾燥
	ハウス栽培	ハウス暖房、土壌殺菌
住宅分野	戸建住宅	給湯、暖房
	集合住宅	給湯、冷暖房、除湿
その他	道路	融雪

（出所）独立行政法人新エネルギー・産業技術総合開発機構（NEDO）HPをもとに作成
http://app2.infoc.nedo.go.jp/kaisetsu/neg/neg02/index.html#elmtop

第6節　新エネルギー——地熱発電

日本は火山帯に位置するため、地熱利用は戦後早くから注目されていた。本格的な地熱発電所は1966年に運転を開始し、現在では東北や九州を中心に展開。総発電電力量はまだ少ないものの、安定して発電ができる純国産エネルギーとして注目されている。

現在、新エネルギーとして定義されている地熱発電は「バイナリー方式」のものに限られている。一般に地熱発電は、温度が150℃以上の地下からの蒸気でタービンを回して発電するが、もっと温度の低い蒸気でも発電できるように、蒸気の持っている熱を水よりもっと蒸発しやすい流体（例：ペンタン、沸点36℃）に熱交換させてペンタンの蒸気をつくりタービンを回して発電するように工夫したものが「バイナリー地熱発電」である。水とペンタンの二つの流体を利用することから「バイナリー（二つの）」の言葉が名称に使われている。

次に地熱発電の特徴を示す。
(1) 高温蒸気・熱水の再利用…発電に使った高温の蒸気・熱水は、農業用ハウスや魚の養殖、地域の暖房などに再利用ができる。
(2) 持続可能な再生可能エネルギー…地下の地熱エネルギーを使うため、化石燃料のように枯渇する心配が無く、長期間にわたる供給が期待される。
(3) 昼夜を問わぬ安定した発電…地下に掘削した井戸の深さは1000-3000mで、昼夜を問わず坑井から天然の蒸気を噴出させるため、発電も連続して行うことが可能。

鹿児島県の霧島温泉郷にある同ホテルでは、既存の3本の温泉井を活用して地中70-300mから地熱蒸気を取り込み、出力220kWのバイナリー方式の地熱発電を行っている。また大分県八丁原地熱発電所でも出力2000kWのバイナリー方式地熱発電所が稼働している。

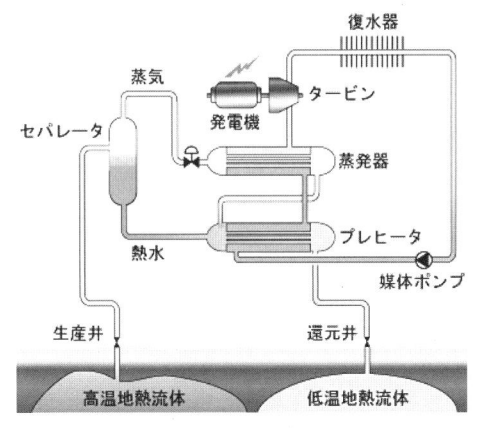

バイナリー方式地熱発電

(出所) 西日本環境エネルギー株式会社ホームページより
http://www.neeco.co.jp/business/binary.php

第7節　新エネルギー──温度差熱利用

　地下水、河川水、下水などの水源を熱源としたエネルギーである。夏場は気温よりも水温の方が温度が低く、冬場は気温よりも水温の方が温度が高い。この、水の持つ熱をヒートポンプを用いて利用したものが温度差熱利用である。冷暖房など地域熱供給源として全国で広まりつつある。
　温度差熱利用は次に示すような特徴を持つ。
(1)　クリーンエネルギー…システム上、燃料を燃やす必要がないため、クリーンなエネルギーと呼ぶことができる。環境への貢献度も高いシステムである。
(2)　都市型エネルギー…熱源と消費地が近いこと。及び、温度差エネルギーは民生用の冷暖房に対応できることから、新しい都市型エネルギーとして注目されている。
(3)　多彩な活用分野…温度差エネルギーは寒冷地の融雪用熱源や、温室栽培などでも利用できる。
　ただし、問題点としては、建設工事の規模が大きいためイニシャルコスト

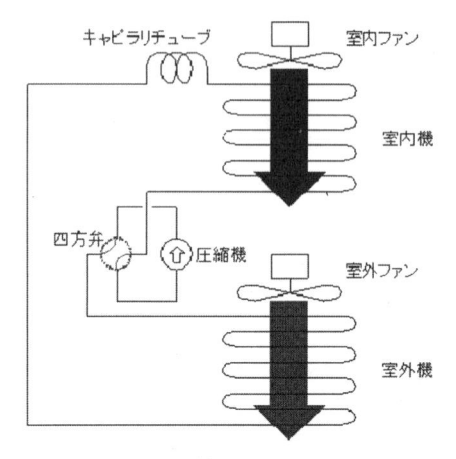

図1 冷房状態のエアコンの配管図

（出所）『電気入門』
　　　　http://denkinyumon.web.fc2.com/denkisetsubikiki/eakon.html

が高くなっているので地元の地方公共団体などとの連携が必要となってくる。

次にヒートポンプについて我々に身近なエアコンを使って説明する

図1は冷房状態のエアコンの配管図である。

エアコンは室内機、室外機、圧縮機、キャピラリチューブ、四方弁で構成されている。そして配管の中にはフロンガスが充填されている。エアコンは電気を使って圧縮機やファンを運転している。

圧縮機で圧縮されたフロンガスは四方弁を通って室外機に向かう。ここではフロンガスが高温高圧の状態である。室外機では室外ファンの風によって冷やされ、フロンガスが低温高圧の状態になる。そしてキャピラリチューブ（膨張弁）によって低温低圧のフロンガスとなり、蒸発しやすくなる。そのフロンガスが室内機で室内ファンの風から熱を奪って蒸発し、高温低圧の状態で四方弁を通って圧縮機に戻る。

つまり、冷房状態のエアコンは、室内の熱を奪い、室外に吐き出して冷房しているということになる。

図2は、暖房状態のエアコンの配管図である。

エアコンの冷暖切り替えは四方弁という切り替え弁で行う。四方弁が切り

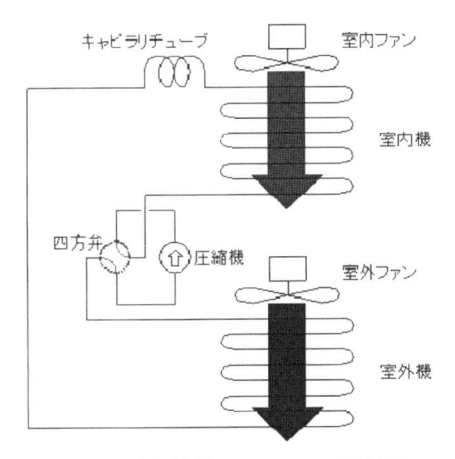

図2　暖房状態のエアコンの配管図

(出所)『電気入門』
　　　http://denkinyumon.web.fc2.com/denkisetsubikiki/eakon.html

替わるとフロンガスの流れが逆転し、高温高圧のフロンガスを冷却していた室外機と、室内の熱を奪っていた室内機の立場が逆転する。つまり、暖房状態のエアコンは、室外の熱を奪い、室内に取り入れて暖房しているということになる。

　電気ヒーターも電気を使って暖房している。

　1kWh＝3600kJであるので、電気ヒーターは効率を100％とすると、1kWhの電力を使用して3600kJの暖房を行う。

　しかしエアコンは1kWhの電力を使用して、15000-25000kJの暖房が可能である。

　電気ヒーターは電気を熱に変換しているが、エアコンは熱を電気で室内機から室外機、室外機から室内機へ移動・運搬しているだけなので、1kWh＝3600kJ以上の冷暖房をすることが可能である。この熱の移動・運搬を「ヒートポンプ」(熱のポンプ) という。

　この移動した熱エネルギー量を、移動させるのに使用した電気エネルギー量で割ったものを成績係数（＝COP）という。

　成績係数＝冷暖房エネルギー量／入力電力量

最近の市販されているエアコンではこの成績係数が4-7となっている。この数値が大きいほど省エネ型エアコンということになる。

温度差熱利用のいくつかの実例を紹介する。海水や河川水が図1の室外機から熱を奪えば、室内に冷水が作れ、図2の室外機に熱を与えれば温水が作れる。

サンポート高松地区地域冷暖房施設

香川県のサンポート高松地区では、瀬戸内海に面する特性を活かし、海水の温度差エネルギーを活用した地域熱供給施設を高松港旅客ターミナルビルの地下に設置。ヒートポンプ蓄熱方式により49℃の温水と5℃の冷水をつくり、配管を通してエリア内の施設に供給している。

箱崎地区地域熱供給システム

隅田川の河川水の温度差熱を有効活用しているのが箱崎地区にある地域熱供給システム。供給区域面積は約25ha、延べ床面積は約28万m^2で、オフィスビルのほか約180戸の住宅にも冷温水を供給している。地域配管は4管式で、温水（47℃、住宅は45℃）、冷水（7℃、住宅は9℃）、住宅には給湯（60℃）も供給している。

第8節　新エネルギー——雪氷熱利用

雪氷熱利用は北海道を中心に導入が進んでいる。これは、冬の間に降った雪や、冷たい外気を使って凍らせた氷を保管し、冷熱が必要となる時季に利用するものである。寒冷地の気象特性を活用するため、利用地域は限定されるが、資源が豊富にあることから注目されている。

寒冷地では従来、除排雪、融雪などで膨大な費用がかかっていた雪を、積極的に利用することでメリットに変えることが可能である。

雪氷熱利用の冷気は通常の冷蔵施設と異なり、適度な水分を含んだ冷気であることから、食物の冷蔵に適している。

風力発電の風車が地域のシンボルとなるように、雪氷熱の施設もシンボルとなる可能性を秘めている。

具体的には次のようなものがある。

(1)　雪室・氷室…倉庫に雪を貯めその冷熱で野菜などを貯蔵する。

(2) アイスシェルターシステム…氷をつくるシステムを指す。冬の寒冷な外気を利用して氷をつくり貯蔵し、夏などに氷を冷熱源として冷房や冷蔵に活用する。
(3) 雪冷房・冷蔵システム…倉庫に雪氷を蓄え、空気や水（不凍液など）を循環させることで積極的に冷熱を活用する。送風機やポンプ、熱交換器などの装置が必要である。
(4) 人工凍土システム…氷をつくる替わりに、貯蔵庫などの施設周辺土壌を人工的に凍らせ、その冷熱により貯蔵庫内を長期的に保つシステム。アイスシェルターと同様、外気の冷熱をヒートパイプにより移動させ、土壌を凍らせる。ヒートパイプとは中に液体の代替フロン等を入れた熱が移動できるパイプである。

問題点としては、設置できる地域が限定されるため導入事例が少なく、現在は農産物の冷蔵などが中心となってしまい、他分野への応用が難しいことが挙げられる。

具体的な設置例を挙げる。

雪冷房・冷蔵システム
- JAびばい「雪蔵工房」…国内最大となる3600tの貯雪量を誇る玄米貯蔵施設。全空気式雪冷房により庫内を温度5℃、湿度70%の低温環境とし、常に新米の食味を提供している。運転停止や温度調整も可能で、消費電力は従来に比べ1/2以下となっている。
- マンション・ウエストパレス…世界初の雪冷房マンションであり、従来、主に農産物貯蔵に利用されることが多かった雪冷房が、本施設以降、居住空間にも盛んに活用されるようになったことで知られる。システムは、雪を強制的に溶かし、雪解け冷水を循環させて冷房を行う冷水循環式。
- プラントファクトリー…国内最大級の植物生産工場であるプラントファクトリーでは、北海道ならではの冬の寒さを利用した冷熱システムを導入。地下に設置した2基の製氷プールで、約1000tの氷を作成し、この氷を使って、夏場、約3000m^{2}のガラス温室を冷房している。

第２部　環境技術

第9節　革新的な高度利用技術

　新エネルギーには含まれないものの、再生可能エネルギーの普及、エネルギー効率の飛躍的向上、エネルギー源の多様化に貢献する新規技術として、その普及を図ることが必要なものとして、「クリーンエネルギー自動車」「天然ガスコージェネレーション」「燃料電池」等が挙げられる。これらは、「革新的なエネルギー高度利用技術」といわれる。

　○**「クリーンエネルギー自動車」**…代表はハイブリッドカーである。ハイブリッドは、英語で「異質なものの混合物」という意味である。HVの名前は、ガソリンを燃焼させるエンジンと、電気モーターの二つの動力源を使っていることに由来している。
　HVの最大の特徴は、ガソリンエンジンと電気モーターを組み合わせることでガソリンの消費を抑え、燃費を飛躍的に高めた点である。燃費向上の秘密は、車を減速する時のエネルギーでモーターを回して発電し、バッテリーに蓄える「回生ブレーキ」機能にある。ブレーキ時に失われていた動力エネルギーを電気エネルギーに変える仕組みで、普通に走行するだけで電気を蓄えることができ、その電気でモーターを動かして燃費効率を高めている。ハイブリッドカーの代表はトヨタ自動車の「プリウス」であり、ガソリン1L当たり38kmの燃費を誇る。09年のHV世界市場は約75万9000台である。
　トヨタとホンダの2社は同年、合計で約69万2000台を販売しており、実に世界市場の9割を国内2社が占めた計算だ。国別に見ると、トヨタとホンダの日本市場でのHVの販売台数は、合計で約34万9000台。つまり、HVの約45％が日本で売れたことになり、日本が世界最大のHV市場となっている。自動車販売台数で日本の倍以上の規模を誇る北米市場での09年の販売台数は24万3000台にとどまっており、日本のHVの比率の高さがうかがえる。
　一方、高速で長距離走行する機会の多い欧州では、ガソリンに比べ燃費効率の高いディーゼルエンジンが主力となっている。欧州でのHVの販売台数は日本の1/4以下にとどまっている。

電池の充電を回生ブレーキからだけでなく、家庭用電源からも行える「プラグイン・ハイブリッド車（PHV）」も次世代ハイブリッドカーとして開発されている。ガソリン1Lで走る距離はHVの2倍近い値を出している。
　エコカーは現在、HVやPHVのほかに、電気で走るEVや、水素エネルギーを利用する燃料電池車（FCV）の研究が進んでいる。HVの当面の有力なライバルとなりそうなのがEVである。EVは現時点では航続距離が約160kとガソリン車に比べて短いほか、急速充電器を使っても30-40分間の充電時間がかかり、急速充電器を備えたスタンドもまだ少ない、値段もHVの1.5倍で割高などの課題が残っている。一方、究極のエコカーと言われるFCVは、製造費が1台1億円以上かかるとされ、一般販売のメドは立っていない。普及にはまだ時間がかかる見通しである。

○「天然ガスコージェネレーション」…天然ガスはメタン（CH_4）を主成分とする天然の可燃性ガスであり、都市ガスの成分である。天然ガスコージェネレーションシステムとは、天然ガスを使って電気と熱を取りだし、利用するシステムである。天然ガスで発電すると同時に、排熱を給湯や空調、蒸気などの形で有効に活用するのでムダが発生しにくい。クリーンな都市ガスを利用するので環境性に優れているほか、省エネ性にも優れている。ガスエンジン方式、ガスタービン方式、燃料電池方式の三つの方式がある。
　ガスコージェネレーションシステムは、1棟のビルだけに導入するものから何ヘクタールもの地域を対象とするもの、さらには医療・福祉施設、大型ショッピングセンター、工場等、さまざまな規模の施設で利用することができる。そして、排熱の用途も給湯から冷暖房、さらには寒冷地における融雪まで、さまざまである。規模に合わせたガスコージェネレーションシステムで発電し、排熱はその量に応じて活用する。
　ガスコージェネレーションシステムは、必要なとき、必要な場所でエネルギーを作る"分散型エネルギーシステム"である。作ったエネルギーを遠くに運ぶ必要がないので、エネルギー輸送による損失がない。また、従来の"集中型発電方式"では、発電で発生する熱を廃棄しているが、ガスコージェネレーションシステムでは排ガスや冷却水から排熱を回収し、給湯や空調などに利用する。これにより、一次エネルギーの70-90%が有効利用される。

ガスエンジンは、吸気、圧縮、着火・燃焼、排気の工程を通じ、燃焼ガスの持つエネルギーをピストンの往復運動に変えて発電しながら、エンジンの冷却水や排ガスの排熱を蒸気または温水として回収し、利用する。発電容量1kWから数千kWクラスまで対応する。

ガスタービンは、吸気、圧縮、燃焼、膨張、排気の工程を通じ、燃焼ガスの持つエネルギーをタービンの回転運動に変えて発電しながら、排ガスの排熱を蒸気または温水として回収し、利用する。発電容量数十kWから数万kWクラスまで対応する。

燃料電池は、水の電気分解と逆の反応を利用し、天然ガスから水素を取り出し、空気中の酸素と反応させて電気と水を作り出すとともに、同時に発生する熱を蒸気または温水として回収し、利用する。発電容量1000kWクラスまで対応するりん酸形が実用化されているが、数kWクラスの固体高分子形なども実用化が進められている。

限りあるエネルギー資源を有効に利用するためには、利用されずに捨てられてしまう熱エネルギーを活用する、より効率的なエネルギーの供給・利用システムの構築が必要である。一度発生させた高温の熱は、より低い温度でも利用できる用途に段階的に利用することにより、同じ一次エネルギーの投入量で、効率的な利用が可能になる。これは、水が階段状の滝（カスケード）を流れ落ちる様子にたとえて、熱のカスケード利用（多段階利用）と呼ばれている。天然ガスコージェネレーションシステムは、1500℃以上の高温エネルギーを、まず発電機の動力として使い、その排熱を蒸気や温水として利用することで、熱の高効率なカスケード利用を実現するシステムである。電気と熱を効率よく取り出すため、総合エネルギー効率が高く、またCO_2排出量についても、従来システムの約1/3を削減することができる。

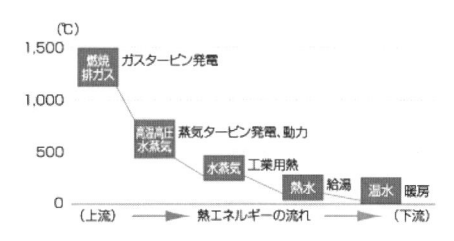

天然ガス燃焼熱のカスケード利用

（出所）東京ガス HP より
　　　　http://www.tokyo-gas.co.jp/env/company/category01.html

　家庭用天然ガスエンジンコージェネレーションシステムがエコウィルなどの名称で普及しだしている。これは各家庭に届けられた天然ガスでエンジンを駆動して発電するものである。使う場所で発電を行うので送電ロスがなく環境にもやさしいシステムである。大規模施設と同様、発電時に発生した熱は回収し、お湯として貯湯槽にためて給湯や追い焚き、暖房に使う。自宅で発電するため「マイホーム発電」とも呼ばれている。

○「燃料電池」…すでに燃料電池自動車や天然ガスコージェネレーションの燃料電池型で既出済みだがその原理をまず解説する。

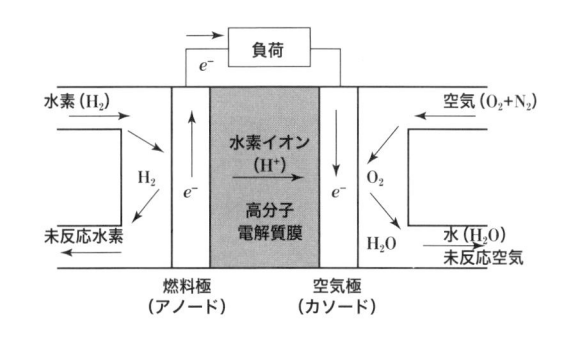

固体高分子形燃料電池の動作原理

（出所）（社）日本電気技術者協会 HP をもとに作成
　　　　http://www.jeea.or.jp/course/contents/09402/

燃料極（負極）では水素が触媒の白金によって水素イオンと電子に分離される。

$$H_2 \rightarrow 2H^+ + 2e^- \tag{1}$$

水素イオンは電解質を通して反対極の空気極（正極）へ移動し、電子は外部に抜け出し導線を伝って電流となる。

空気極には酸素が導入される。ここで電解質を通って入ってきた水素イオンと外部の導線を経由してきた電子との反応で水が生成される。

$$1/2O_2 + 2H^+ + 2e^- \rightarrow H_2O \tag{2}$$

(1)式＋(2)式より、

$$H_2 + 1/2O_2 \rightarrow H_2O$$

つまり、水素分子と酸素分子が反応して水ができるシンプルな反応である。つまり水素分子の燃焼反応である。実際に水素分子を燃焼させると熱が発生するが、燃料電池は熱エネルギーの代わりに電気エネルギーを得る装置であるといえる。

現在、実用化されている燃料電池はリン酸型（PAFC）と固体高分子型（PEFC）である。リン酸型は百〜数百 kW で定置発電に利用されている。リン酸型は数〜数十 kW であり自動車・家庭電源・端末電源に利用されている。

水素は、自然界には水素ガス（そのまま燃料電池の燃料となる状態）ではほとんど存在しない。そのため、熱や電気などのエネルギーを投入して、化石燃料や水、バイオマス等から製造する必要がある。現在、水素の大半は化石燃料（主に天然ガス）から製造されている。それは、他の原料より簡単で、低コストに作れるからである。

現在盛んにマスコミで宣伝されている家庭用燃料電池（エネファーム）は、天然ガスから水素を供給する。化石燃料から水素を作っている限りは、化石燃料の削減にはつながらないが、燃料電池のコージェネレーション（電気と熱の併用）などの高効率な利用をすることでトータルでは地球温暖化の原因となる二酸化炭素（CO_2）の排出を少なくすることができる。また、大気汚染防止に大きな効果がある。現在でも化石燃料からの製造以外に、製鉄所等の排ガス（コークスオフガス）として副次的に水素が得られているものの、将来的にはバイオマスや自然エネルギーからの水素製造量を増やしていく必要があろう。

なお、燃料電池自動車の燃料として考えたときには、外部プラントで大量に作り各地に輸送供給する方法と水素スタンドで直接作る方法があるが、今後いろいろな組み合わせで水素供給の環境が構築されていくと考えられる。将来、地球にやさしい燃料電池システムや燃料電池自動車が普及していくためには、その燃料となる水素の供給体制を整える必要がある。そしてその結果、環境負荷の小さい地球にやさしい水素エネルギー社会が形づくられていくであろう。水素エネルギー社会の実現に向けて、日本、アメリカ、ヨーロッパ等で盛んに研究が行われている。

第3部では、企業や大学の環境保全の切り札である国際環境マネジメントシステム ISO14001 の規格、解釈、具体的な例を示す。

第3部
環境マネジメントシステム ISO14001

第3部　環境マネジメントシステム ISO14001

第1章

ISO14001 とは何か

第1節　ISO14001 の歴史

ISO（International Organization for Standardization：国際標準化機構）は、1947 年に非政府組織として設立された。本部は、スイスのジュネーブに置かれている。ISO は電気関係を除く工業製品の標準化のための国際専門機関であり、法的地位は民間組織であるしかし、国際連合などの諮問的地位を有し、WTO（World Trade Organization：世界貿易機構）にも大きな影響力を持つ。ISO の前身は、第一次世界大戦終了後の 1926 年に各国が自国の工業製品の標準化を始めたことを契機に発足した ISA（International Federation of the National Standardizing Association：国家規格協会の国際連盟）である。

ISO には現在、世界の約 120 カ国が会員として加入しており、日本からは JIS（Japanese Industrial Standard：日本工業規格）を調査・審議している JISC 日本工業標準調査会）が代表機関として登録されている。一国一機関が原則となっているため、ISO 関係の国際会議への出席はすべて JISC が窓口となって調整を行っている。

世界における地球環境問題の広がりは、国連の UNEP（United Nations Environment Program：国連環境計画）の活動を中心にしだいに世界に広がり、1992 年にブラジルのリオデジャネイロで地球サミットを開催することが決議された。地球サミットの正式名は、UNCED（United Nations Conference on Environment and Development：環境と発展に関する国連会議）である。UNCED の事務局は、この地球サミットを成功させるために産業界から地球サミットに対して提案を求めることにした。そしてその提案をまとめるために、1990 年に BCSD（Business Council for Sustainable Development：持続可能な発展のための産業人会議）が組織された。BCSD

には世界から日本人7人を含む50人の経営者が参加した。BCSDは、1991年に、次のような提案をUNCEDに行った。

(1) ビジネスにおける持続性のある技術（Sustainable Technologies）導入及びその推進のために環境の国際規格は重要な手段となり得る。
(2) ISOはこの計画を実施するための適切な機関である。

BCSDの目的は、今日の地球環境問題のキーワードになっている「持続的発展（Sustainable Development）」を企業活動の中で具現化する方法論の確立にあった。BCSDの要請を受けてISOは、1991年7月検討に入り、IEC（International Electrotechnical Commission：国際電気標準会議）と共同でアドホックグループSAGE（Strategic Advisory Group on Environment：環境に関する戦略諮問グループ）を設立し、環境についての標準化の検討を行った。その報告に基づき1993年2月、ISO理事会はTC207（環境マネジメントに関する専門委員会）の設置を決定し、同年6月カナダのトロントで開催されたTC207第1回総会において環境マネジメント標準化作業の枠組みが決められるに至った。そして、1996年9月から10月にかけてISO14001、ISO14004、ISO14010、ISO14011、ISO14012の5種類の環境マネジメントシステム及び環境監査に係る国際規格が相次いで発行された。そして同年10月、これらはJIS規格として制定された。以下にこれらの内容を示す。

(1) ISO14001：環境マネジメントシステム——仕様及び利用の手引き
(2) ISO14004：環境マネジメントシステム——原則、システム及び支援技法の一般指針
(3) ISO14010：環境監査の指針——一般原則
(4) ISO14011：環境監査の指針——監査手順、環境マネジメントシステムの監査
(5) ISO14012：環境監査の指針——環境監査具のための資格基準

わかり易くいえば、ISO14004は環境マネジメントシステム構築にあたってのガイドライン、ISO14010～ISO14012は環境監査に関するガイドラインであり、いずれもいわゆるアドバイスや指針であるのに対して、ISO14001だけは環境マネジメントシステムに関する「要求事項」である。要求事項とは、満たさなければならない事項であり、第三者機関によって適合性が評価されるときの基準になる。

第2節　ISO14001の構成

　ISO14000シリーズの中核になる規格、ISO14001は、環境マネジメントシステムに対する要求事項を述べた規格である。第三者による審査登録にあたっては、この要求事項をすべて遵守していなければならない。環境マネジメントシステムは以下のように定義されており、これは企業が事業活動を行う際に、環境に対する負荷を軽減する活動を継続的に行うための経営の仕組みを意味している。

　環境マネジメントシステム：全体的なマネジメントシステムの一部で、環境方針を作成し、実施し、達成し、見直しかつ維持するための、組織の体制、計画活動、責任、慣行、手順、プロセス及び資源を含むもの。

　ISO14001は、企業自ら設定する環境方針を含め、環境マネジメントシステムを、後述するPLAN、DO、CHECK、ACTというPDCAサイクルに沿って実行するものである。

(1) 環境方針＝PLAN

　自社の企業活動や提供する製品・サービスが環境へ与える影響を考え、環境関連法規の遵守や継続的な改善、環境汚染の未然防止などを、経営者が方針として定め、企業として約束することが要求されている。

　そして、この環境方針においては、文書化し、全従業員に周知徹底するとともに、外部に対して公表すること、つまり、一般の人が入手できることが求められている。

(2) 計画＝PLAN

　自社の企業活動や製品・サービスが環境に影響を与える環境側面を洗い出し、その影響を評価して管理すべき「著しい環境側面」を決定すること、法規制や、その他の要求事項を把握して環境への影響を改善するための環境活動の目的と目標、そして、それを達成するための環境マネジメントプログラムを設定することが求められている。

　環境側面とは、ISO14000シリーズに特有な言葉で、環境に負荷を与える

原因のことをいう。

(3) 実施及び運用＝DO

環境マネジメントプログラムに基づいて、環境方針や環境目的・環境目標を達成するために組織の役割、責任と権限を明確にし、社員すべてに必要な訓練を行うこと、組織内の様々なレベル間または外部の利害関係者とのコミュニケーションの手順、環境にかかわる情報の文書化とその管理の手順を定めること、などが求められている。

さらに、この規格の特徴の一つである文書管理では、環境マネジメントシステムの主要な要素を文書化し、また実施過程では記録を残し、かつこれを適切に管理することが求められている。実施している環境マネジメントシステムの内容と結果を、第三者にもわかるものとして残すことが必要である。

(4) 点検及び是正措置＝CHECK & ACT

環境に著しい影響を及ぼす工程などを日常的に監視し、管理する手続きを決めること。さらに目的と目標の達成状況、監視及び測定機器の校正、法規制の遵守状況などを監視し、管理する手順を定めることが求められている。

(5) 経営層による見直し＝ACT

組織が決めた環境マネジメントシステムの適合性と有効性を、一定期間ごとにチェックし、経営者が環境活動全体の妥当性を見直すこと、必要とあれば環境方針にまで遡って見直しを行い、次のPDCAサイクルに入って継続的な改善を行うことが求められる。

ISO14000シリーズによる審査登録制度は、構築された環境マネジメントシステムがISO14001の要求事項を満たしているかどうかを、第三者機関が審査し、満たしていれば登録される。これがISO14001の認証を受けるということである。こうした企業の環境マネジメントシステムを審査する第三者機関を「審査登録機関」という。2010年末で50機関ある。

この審査登録機関の能力や公平性、透明性を判定するのが「認定機関」である。認定機関は一国一機関が原則であり、日本ではJAB（The Japan Accreditation Board for Conformity Assessment：日本適合性認定協会）が

認定機関である。ISO14001 の登録証は「審査登録機関」が発行し、JAB に登録通知するシステムになっている。

PDCA を概念図で示すと次のようになる。

（出所）高松市公式ホームページより
http://www.city.takamatsu.kagawa.jp/1356.html

PDCA を ISO14001 の具体的な項番と名称で示すと次のようになる。

P：4.3.1 環境側面、4.3.2 法的及びその他の要求事項、4.3.3 目的、目標及び実施計画

D：4.4.1 資源、役割、責任及び権限、4.4.2 力量、教育訓練及び自覚、4.4.3 コミュニケーション、4.4.4 文書類、4.4.5 文書管理、4.4.6 運用管理、4.4.7 緊急事態への準備及び対応

C：4.5.1 監視及び測定、4.5.2 順守評価、4.5.3 不適合並びに是正処置及び予防処置、4.5.4 記録の管理、4.5.5 内部監査

D：4.6 マネジメントレビュー

第3節　ISO14001 の認証登録

ISO14001 の認証を受けるということは、PDCA サイクルがきちんと作られて機能しているかどうかの審査を受けて合格することである。ISO14001

規格では、環境パフォーマンス（実績、達成度）については直接触れていない。つまり、環境マネジメント活動に対しては継続的な改善を示す環境パフォーマンスの達成を期待しているが、環境パフォーマンスそのものは審査の対象にしないということである。つまり省エネ・廃棄物などの環境基準をクリヤーすることで認証が得られるのではないということである。わかり易くいうと、ISO14001規格では、環境マネジメントのシステムが組織に存在することが最も重要であると考えられているので、発展途上国から先進国までのすべての国々の組織が参加できるということである。

JABには、「A社は煙突から煤煙を排出しているのに認証を与えるとは何事か」「A社はB社よりも環境対策が遅れているのになぜ認証を与えるのだ」という苦情がよく舞い込むという。これも先に述べた誤解によるもので、この規格はある規準を達成した企業に与えられるものではない。

第4節　ISO14001ブーム

このような誤解があるにせよ、いまや日本は空前のISO14001の認証登録ブームである。2010年において、国内の認証登録件数は4万件（2010年末現在）を突破している。この数字は米独英などの主要先進国を大きく引き離し、中国に次ぎ世界第2位である。我が国において短期間でISO14001の取得企業の数が増えた理由として次のようなものが挙げられる。

(1) 認証登録することにより、環境を重視する企業としてイメージアップになり、信用が高まり、結果的に利益が上がると認識した。
(2) 日本では横並び意識が強く、同業の一社が取得すると、他社も一斉に取得登録に走った。
(3) グリーン購入・調達（環境に配慮した製品を優先して購入・調達すること）が企業・消費者・自治体で活発化しており、グリーン調達・購入のための評価基準として相手方のISO1400i認証登録が挙げられる場合が多い。特に企業や自治体との取引でISO14001の認証登録を必要条件とするところもあり、認証登録企業は取引先を広めるビジネスチャンスが得られる。
(4) ISO14001の認証登録企業は、環境に対する妥当な配慮を行い、環

境関連の法規則を遵守していると見なされて、環境保険(環境汚染賠償責任保険等)の保険料率の割引を受けることができる。
(5) エコファンド(環境対応度が高い企業に優先的に投資する株式投信)の広がりで資金調達の面で有利である。

上記の(3)の具体例を挙げると、トヨタ自動車は1999年3月の「取引さまへのお願い事項」のなかで、2003年までにISO14001の認証登録を求めた。トヨタにとっては、環境への取り組みが生半可なものではなく、本気であることを簡潔な要望の形で取引企業に示したのであった。

ISO14001の認証登録の中心的役割を果たした企業や自治体の担当者が共通して指摘しているのは、取得の過程で従業員の環境意識が大幅に高まったことだという。たとえば使い終った紙類を進んで分別箱に入れるようになった、使い終った部屋の電気を必ず誰かが消すようになった、冷暖房の利用の仕方に節度が出てきた、自動車のアイドリングが減った等等日常業務の場で著しい変化が見られるという。経営という視点からは、明らかに電気代や資材の節約が進み、コスト削減が実現したという報告が多い。横河電機では、ISO14001の活動に沿って、オシログラフィック・レコーダー(高周波形測定器)の製品設計を超小型軽量に変えた結果、性能、品質を変えずに、旧来型製品と比べ大きさが1/10、重量が1/5と小型化し、部品点数が60%減、消費電力が1/5、さらにリサイクル困難部品数も30%減となり大幅に省エネ、省資源効果が上がったと報告している。

以上のようにISO14001は、企業の省エネルギーのみならず、環境にやさしいリサイクル可能な製品の開発のインセンティブに大いに役立っていることがわかる。わが国は、2001年6月に「循環型社会形成推進基本法」を公布した。この法律は、循環型社会の形成を推進する基本的な枠組みとなる基本法であるが、環境マネジメントシステムISO14001は循環型社会実現の大きな武器となるものである。

次章では、ISO14001の規格の内容と解釈、さらには具体的な『環境マニュアル』を大学の例で示す。環境方針は神戸山手学園芦尾長司理事長のものを使用させていただいたが、『環境マニュアル』は実際に使用されているものではない。

第2章

ISO14001の規格解釈

第1節　ISO14001の用語と定義

　ここでは、ISO14001の規格とその解説を行う。以下の番号は、ISO14001の規格項番である。初めに用語とその定義を示す。

3.　用語及び定義
3.1　監査員（auditor）監査を行う力量をもった人。
3.2　継続的改善（continual improvement）組織（3.16）の環境方針（3.11）と整合して全体的な環境パフォーマンス（3.10）を向上させる繰り返しのプロセス。
　（参考　このプロセスはすべての活動分野で同時に進める必要はない。）
3.3　是正処置（corrective action）検出された不適合（3.15）の原因を除去するための処置。
3.4　文書（document）情報及びそれを保持する媒体。
　（参考　媒体としては、紙、磁気、電子若しくは光学式コンピュータディスク、写真若しくはマスターサンプル、又はこれらの組み合わせがあり得る。）
3.5　環境（environment）大気、水、土地、天然資源、植物、動物、人及びそれらの相互関係を含む、組織（3.16）内から地球規模のシステムにまで及ぶ。
3.6　環境側面（environmental aspect）環境（3.5）と相互に作用する可能性のある、組織（3.16）の活動又は製品又はサービスの要素。
　（参考　著しい環境側面は、著しい環境影響（3.7）を与えるか又は与える可能性がある。）
3.7　環境影響（environment impact）有害か有益かを問わず、全体的又は部分的に組織（3.16）の環境側面（3.6）から生じる、環境（3.5）に対す

るあらゆる変化。

3.8 環境マネジメントシステム（environmental management system, EMS）組織（3.16）のマネジメントシステムの一部で、環境方針（3.11）を作成し、実施し、環境側面（3.6）を管理するために用いられるもの。

（参考1.マネジメントシステムは、方針及び目的を定め、その目的を達成するために用いられる相互に関連する要素の集まりである。）

（参考2.マネジメントシステムには、組織の体制、活動計画、責任、慣行、手順（3.19）、プロセス及び資源を含む。）についてのその組織のマネジメントの測定可能。

3.9 環境目的（environmental objective）組織（3.16）が達成を目指して自ら設定する、環境方針（3.16）と整合する全般的な環境の到達点。

3.10 環境パフォーマンス（environmental performance）組織（3.16）の環境側面（3.6）についてのその組織のマネジメントの測定可能な結果。

（参考 環境マネジメントシステム（3.8）では、結果は、組織（3.16）の環境方針（3.11）、環境目的（3.9）、環境目標（3.12）及びその他の環境パフォーマンス要求事項に対応して測定可能である。）

3.11 環境方針（environmental policy）トップマネジメントによって正式に表明された、環境パフォーマンス（3.10）に関する組織（3.16）の全体的な意図及び方向付け。

（参考 環境方針は、行動のための枠組み、並びに環境目的（3.9）及び環境目標（3.12）を設定するための枠組みを提供する。）

3.12 環境目標（environmental target）環境目的（3.9）から導かれ、その目的を達成するために合わせて設定される詳細なパフォーマンス要求事項で、組織（3.16）又はその一部に適用されるもの。

3.13 利害関係者（interested party）組織（3.16）の環境パフォーマンス（3.10）に関心をもつか又はその影響を受ける人又はグループ。

3.14 内部監査（internal audit）組織が（3.16）が定めた環境マネジメントシステム監査基準が満たされている程度を判定するために、監査証拠を収集し、それを客観的に評価するための体系的で、独立し、文書化されたプロセス。

（参考 多くの場合、特に中小規模の組織の場合は、独立性は、監査の対

象となる活動に関する責任を負っていないことで実証することができる。)
3.15 不適合（nonconformity）要求事項を満たしていないこと。
3.16 組織（organization）法人か否か、公的か私的かを問わず、独自の機能及び管理体制をもつ、企業、会社、事務所、官公庁若しくは協会、又はその一部若しくは結合体。
　（参考　複数の事業単位をもつ組織の場合には、単一の事業単位を一つの組織と定義してもよい。)
3.17 予防処置（preventive action）起こり得る不適合（3.15）の原因を除去するための処置。
3.18 汚染の予防（prevention of pollution）有害な環境影響（3.7）を低減するためにあらゆる種類の汚染物質又は廃棄物の発生、排出、放出を回避し、低減し、管理するためのプロセス、操作、技法、材料、製品、サービス又はエネルギーを（個別に又は組み合わせて）使用すること。
　（参考　汚染の予防には、発生源の低減又は排除、プロセス、製品又はサービスの変更、資源の効率的使用、代替材料及び代替エネルギーの使用、再利用、回収、リサイクル、再生、処理などがある。)
3.19 手順(procedure)活動又はプロセスを実行するために規定された方法。
　（参考　手順は文書化することもあり、しないこともある。)
3.20 記録（records）達成した結果を記述した、又は実施した活動の証拠を提供する文書（3.4)。

第2節　ISO14001の要求事項

　日本語の後に英語の原文を示し、その後に解釈を行う。その後、大学のその項番の『環境マニュアル』を提示する。ISO14001の規格を各組織に合うように、その組織の『環境マニュアル』に落とし込んでいくのである。日本文で下線を引いた部分を特に詳解している。また、英文でshallの部分（～しなけれがならない）に下線部分を引き、要求事項であることを明快にした。Shallの部分が確実に実施されていることが組織のISO14001認証取得の条件である。
4.　環境マネジメント要求事項（Environmental management system

requirements)

4.1　一般要求事項（General requirements）

組織はこの規格の要求事項に従って環境マネジメントシステムを確立し、文書化し、実施し、維持し、継続的に改善し、どのようにしてこれらの要求事項を満たすかを決定すること。

組織は、その環境マネジメントシステムの適用範囲を定め、文書化すること。

The organization shall establish, document, implement, maintain and continually improve an environmental management system in accordance with the requirements of this International Standard and determine how it will fulfill these requirements.

The organization shall define and document the scope of its environmental management system.

（解説）
① 文書化…環境マニュアルや規定類などによる文書化である。
② どのようにしてこれらの要求事項を満たすかを決定する…環境マネジメントシステム（EMS）の中で、要求事項を満たすように、手順を確立することである。
③ 適用範囲を定め…EMSが適用される組織の境界を明確にすることである。適用範囲には次のものが含まれる。

（ア）組織名称、所在地　（イ）適用範囲に含まれる事業所、所在地　（ウ）適用範囲に含まれる共同事業所、所在地　（エ）製品、プロセス又はサービスの分類に関する組織の活動（ex.○○の設計並びに製造及び販売）

これらの適用範囲を環境マニュアルなどのEMS文書に記述する必要がある。定められた適用範囲にある組織のすべての活動、製品及びサービスはEMSに含めなければならない。適用範囲は、組織のEMSに対する社会の信頼を得られる妥当な範囲で設定し、除外部分がある時は、その理由を環境マニュアル等に記述すべきである。

(大学の例)
4.1　一般要求事項
　本学は、ISO14001規格に基づき環境マネジメントシステムを確立し、文書化し、実施し、維持し、継続的改善を行う。その内容を4.2項以降に記載する。また本学は、その環境マネジメントシステムの適用範囲を1.2に定め、文書化する。
1.2　適用範囲
組織の範囲：学校法人○○学園　○○大学
所在地　　〒○○　○○
業務の範囲：大学における教育・研究・地域貢献活動の計画と提供

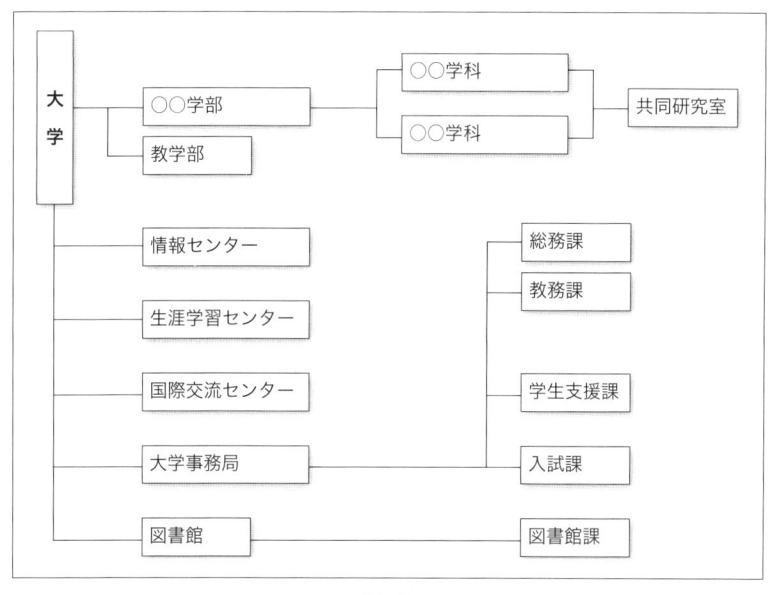

```
                ┌──○○学科──┐
大学──○○学部──┤              ├──共同研究室
      │          └──○○学科──┘
      └──教学部

      ├──情報センター              ┌──総務課
      │                              ├──教務課
      ├──生涯学習センター
      │
      ├──国際交流センター          ──学生支援課
      │
      ├──大学事務局                ──入試課
      │
      └──図書館                    ──図書館課
```

大学組織図

4.2 環境方針（Environmental policy）

トップマネジメントは、組織の環境方針を定め、環境マネジメントシステムの定められた適用範囲の中で、環境方針が次の事項を満たすことを確実にすること。

Top management shall define the organization's environmental policy and ensure that, within the defined scope of its environmental management system, it

　a) 組織の活動、製品及びサービスの、性質、規模及び環境影響に対して適切である。

　a) is appropriate to the nature, scale, and environmental impacts of its activities, products and services,

　b) 継続的改善及び汚染の予防に関するコミットメントを含む。

　b) includes a commitment to continual improvement and prevention of pollution,

　c) 組織の環境側面に関係して適用可能な法的要求事項及び組織が同意するその他の要求事項を順守するコミットメントを含む。

　c) includes a commitment to comply with applicable legal requirements and with other requirements to which the organization subscribes which relate to it's environmental aspect,

　d) 環境目的及び目標の設定及びレビューのための枠組みを与える。

　d) provides the framework for the setting and reviewing environmental objectives and targets,

　e) 文書化され、実行され、維持される。

　e) is documented, implemented and maintained,

　f) 組織で働く又は組織のために働くすべての人に周知される。

　f) is communicated to all persons working for or on behalf of the organization, and

　g) 一般の人々が入手可能である。

　g) is available to the public.

（解説）
環境方針は、組織の経営理念目的と組織の行動や事業活動における具体的な

環境目的・目標との中間に位置する。したがって、組織の行動及び環境目的・目標に具体的に展開できる内容が要求される。

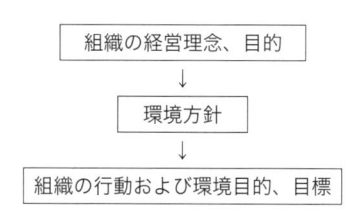

```
       組織の経営理念、目的
              ↓
           環境方針
              ↓
    組織の行動および環境目的、目標
```

環境方針は、組織に周知され、外部へ公開されなければならない。
① a)～g) の要求事項は下記に示す性格のものである。
・a)、b)、c)、d) は方針の内容についての要求である。
・e)、f)、g) は、環境方針そのものの扱いについての要求である。したがって、環境方針の中に必ずしも記述しなくてもよい。
② 環境方針は、e) 項で文書化が要求されており、4.5.5 文書管理の対象となる。
③ c) の「その他の要求事項」とは、公害防止協定、地域住民との協定、業界規範、自主基準などである。
④ d) の「枠組み」とは、環境方針を読めば、自組織あるいは部署では環境目的及び目標として具体的に何を設定し、あるいは見直すべきかがわかることを意味する。したがって、この要求は、環境方針の中に単に、「環境目的及び目標を設定し、見直す」という文言が含まれていればよい、というわけではない。
⑤ f)「組織で働く又は組織のために働くすべての人」には、適用範囲の中で、組織に依頼されて働く人（構内外注など）を含む。

（大学の例）
4.2 環境方針
1. 環境方針の決定
　理事長は、以下のことを確実にするために、本学の環境方針を決定する。
　（1）本学の教育活動及びサービスの性質、規模及び環境影響に対して適切であること。

(2) 継続的改善及び汚染の予防（環境負荷の低減）に関するコミットメントを含んでいること。
　(3) 関連する法規制、及び本学が同意するその他の要求事項を順守するコミットメントを含んでいること。
　(4) 環境目的及び目標を設定し、レビューする枠組みを与えること。
　(5) 環境方針を文書化し、実行し、維持すると共に、本学で働く全職員及び本学のために働くすべての人に周知すること。
　(6) 一般の人々が入手できること。
2. 環境方針の周知と公開
　(1) 環境方針が実行され、維持されるように、これを文書化し、ポスターなどの掲示、カードなどによる内部コミュニケーション、環境教育・訓練の実施などにより全職員及び本学のために働く人々に周知させる。
　(2) 環境方針は、インターネットホームページなどで公開する。
3. 理事長が決定した環境方針は、全学を挙げて実行する。
4. 環境方針の見直し
　(1) 年1回（原則として3月）「マネジメントレビュー」の一環として、環境方針の変更の必要性の要否を理事長が決定する。必要があれば、改訂を行う。

神戸山手大学　環境方針

1. 基本理念
21世紀は環境の世紀である。
　人類が未来に向かって共存共栄を享受するため、世界の人々は、地球温暖化対策、省資源・省エネルギー対策の具体的な取り組みに邁進しなければならない重要な秋（とき）を迎えている。
　とくに、我が国は、環境先進国として世界を先導する役割を求められている。
　このような状況の中で我が国においては、官民を挙げて環境問題に対する積極的な対応が進められている。その一環として国内企業においては環境への配慮を企業運営の主要な基本に掲げ、商品開発においても環境負荷を最小限に食い止める努力が支払われている。家庭生活においても3R運動が推進され、環境配慮商品が歓迎されている。今や国民一人一人が環境への意識改革、実践的活動が不可欠の時代を迎えているといっても過言ではない。
　神戸山手大学においては、創設以来、全国に先駆け「環境文化学科」を設

置し、環境と文化の関わり、即ち環境と政治、行政、経済、企業活動、生活、歴史文化などとの関係をテーマとして掲げ教育研究活動を続けている。
　こうした活動を通じて、大学において環境問題に実践的に取り組むとともに、国民・地域住民の環境問題に対する意識改革を促進し、大学としての役割をはたしていく。
2. 基本方針
　(1) 大学はその教育研究活動を一層活発化し、その成果を学内はもとより、学外に積極的に発信する。
　(2) 環境関連法令及び法令に基づく諸規制及び本学が同意するその他の要求事項を順守する。
　(3) 大学キャンパスにおける環境負荷低減、環境汚染防止活動の推進を行うため、その中心となる教職員・学生の意識の一層の意識向上を図り、実践活動を活発化する。その際、地域活動の促進協力を行う。
　(4) キャンパス内の日常活動においては、省資源、省エネルギー、グリーン購入・廃棄物の減量・再資源化に積極的に取り組み、環境負荷の低減に努める。
　(5) 内部環境監査を定期的に実施し、環境マネジメントシステムの見直し、継続的改善を図る。
　これらの環境方針の着実な実行を推進するため学園にECO推進本部を設置した。

平成21年9月1日
学校法人神戸山手学園
理事長　芦尾長司

4.3　計画（planning）

4.3.1　環境側面（Environmental aspects）

　組織は、次の事項にかかわる手順を確立し、実施し、維持すること。
The organization shall establish, implement and maintain a procedure(s)
　a) 環境マネジメントシステムの定められた適用範囲の中で、活動、製品及びサービスについて組織が管理できる環境側面及び組織が影響を及ぼすこ

とができる環境側面を特定する。その際には、計画された若しくは新規の開発、又は新規の若しくは変更された活動、製品及びサービスも考慮に入れる。

　a) to identify the environmental aspect of its activities, products and services within the defined scope of the environmental management system that it can control and those that it can influence taking into account planned or new developments, or new or modified activities, products and services, and

　b) 環境に著しい影響を与える又は与える可能性のある側面（すなわち著しい環境側面）を決定する。

　b) to determine those aspects that have or can have significant impact(s) on the environment(i.e. significant environmental aspects).

組織は、この情報を文書化し、常に最新のものにしておくこと。
The organization shall document this information and keep it up to date.
組織は、その環境マネジメントシステムを確立し、実施し、維持するうえで、著しい環境側面を確実に考慮にいれること。
The organization shall ensure that the significant environmental aspects are taken into account in establishing, implementing and maintaining its environmental management system.

（解説）
EMSの構築、運用は、組織の活動、製品及びサービスにおける環境側面、環境影響の現状把握・認識に基づかねばならない。

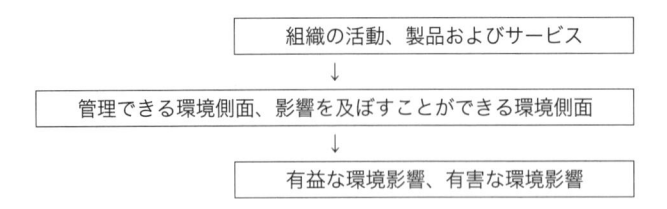

組織の活動、製品およびサービス
↓
| 管理できる環境側面、影響を及ぼすことができる環境側面 |
↓
| 有益な環境影響、有害な環境影響 |

環境側面（組織の様々な活動、製品及びサービスの内、環境に影響を与える原因となるもの）を洗い出し、それらの環境影響を評価して、組織が環境上重要と考える環境側面を決定し、その改善、及び適切な管理を実施することを通じて環境改善、汚染の予防をはかること目指している。

環境側面と環境影響は原因と結果の関係にある。

原因（環境側面） → 結果（環境影響）

環境影響は管理しにくいか、あるいは事実上できないが、環境側面は管理可能である。
① 「組織が管理できる環境側面及び組織が影響を及ぼすことができる環境側面（その範囲は組織なりに合理的に判断する外ない）を特定すること」を要求している。「影響を及ぼすことができる環境側面」とは、組織が影響力を行使して間接的に管理できる環境側面である。影響を及ぼすことができる環境側面として、供給者、請負者の活動、製品及びサービスの環境側面は、可能な限り特定して評価する必要がある。
② 特定する環境側面は、組織の活動、製品及びサービスの過去の状況も考慮しなければならない時がある。例えば、過去の生産活動における有害物質の使用により、土壌汚染、地下水汚染という有害な環境影響が生じている可能性がある。
③ 「新規の若しくは変更された活動、製品及びサービスも考慮に入れる」は、実施計画（環境マネジメントプログラム）作成以前の、環境側面の特定において、新規又は変更に要素を考慮すべきという意図がある。
④ 著しい環境側面を特定する手順…規格は、特定された「組織が管理できる環境側面」と「組織が影響を及ぼすことができる環境側面」を絞り込み、著しい環境側面を決定する手順を確立し、実施し、維持することを求めている。絞込みのために環境影響評価をするのが一般的である。著しい環境側面を決定する方法は、一つだけではない。どのような方法を確立するかは、組織に任される。しかし、使用される方法は、矛盾のない一貫した結果を出すものであり、環境上の事項、法的課題及び内外の利害関係者の関心事に関係するような評価基準の確立及び適用を含むとよい。
手順の中では「著しい」とする判断基準が必要である。
④ 事故・緊急事態は発生の確立こそ小さいが、発生すれば重大な環境影響を及ぼすことが多い。従ってその可能性のある側面は著しい環境側面を捉えることが望ましい。(4.4.7項参照)

⑤　供給者、請負者に関する著しい環境側面は、「4.4.6　運用管理」のc)項の「特定された著しい環境側面」として取り扱う必要がある。
⑥　「この情報」とは環境側面の変化のことであり、その環境影響を評価し、その取り扱いを考える必要がある。「文書化」は記録に残すことと同義である。
⑦　「常に」のは、活動、製品及びサービスの環境側面に変化が生じて環境影響に変化が認められる場合は、そのつど確実にそれらの見直しを実施していればよい。ただし些細なことまで対応が必要とは考えられず、その範囲、程度は組織が合理的に決めればよい。環境側面を「年1回」見直すという定めだけでは、規格要求事項を満たしているとはいえない。
⑧　環境マネジメント全般にわたって、著しい環境側面を考慮することが強調されている。

（大学の例）
4.3.1　環境側面
　大学は著しい環境影響を持つか又は持ちうる環境側面を決定するために、本学が管理できる環境側面、及び本学が影響を及ぼすことができる環境側面を特定する手順を以下に定め、実施し、維持する。その際に、計画された開発や新規の開発、又は新規や変更された活動、製品及びサービスが生じた場合は、環境影響表に記載する。
1.　環境側面の抽出
　(1)　実務担当教員は、本学が管理する事業活動、製品及びサービスに伴う環境側面を抽出し、「環境影響評価表」に記載する。環境側面の抽出は、有益・有害を問わず抽出する。
　(2) 有害な環境側面は投入、排出、産出の各段階で環境側面を抽出し、「環境影響評価表」に記載する。
投入：事業活動に伴って消費されるもの（例…原材料、部品、製品、燃料、電気、水道等）
排出：事業活動に伴って出てくる不要物（例…廃棄物、排水、排気ガス、騒音、臭気等）
産出：事業活動で生み出される有用物（例…学生内部監査員、研究論文、出版物等）

2. 環境影響評価と著しい環境側面の特定
　実務担当教員は、抽出された環境側面について、次の手順で環境影響評価を行う。なお、有益な環境側面については環境リスクによる評価は行わず、全て著しい環境側面とし、環境情報による評価のみ行う。
　(1) 環境リスクによる評価
　(a) 表1に示す環境影響評価発生の可能性及び結果の重大性による評価基準に従って、抽出された各々の環境側面に評点をつけ、環境影響評価を次式で求める。
　［環境影響評価点］＝［発生の可能性 a］＋［結果の重大性 b］
　(b) 環境影響評価点は、a+b≧5となる環境側面を著しい環境側面として特定する。
　(2) 学内外の環境情報による評価
　抽出された環境側面が次の事項に該当する場合、著しい環境側面として特定する。
　(a) 法規則（法令、地方条例）があるもの。
　(b) その他の要求事項（地方自治体との公害防止協定、地域住民との合意書、業界基準等）があるもの。
　(c) 利害関係者の見解（苦情、要望、高い関心等）があるもの。
　(d) 事業上の要求事項（学校方針、事業方針等）があるもの。
　(e) 運用上の要求事項
　(3) 特定された著しい環境側面は、「環境影響評価表」に明記し、環境管理責任者の承認を得る。
　(4) 実務担当教員は、環境マネジメントシステムを確立し、実施し、維持する上で、特定された著しい環境側面が確実に考慮されていることを確認する。
3. 環境側面のレビュー
　(1) 実務担当教員は、環境側面の定期評価を年度末に行う。また以下の要因により環境側面にレビューの必要が生じた場合、再評価を行い、情報を最新のものとし、記録する。
　(a) 法的及びその他の要求事項の変更
　(b) 事業活動の変更（新規事業の開始、事業の拡大・縮小・廃止等）
　(c) 新たな方針の導入
　(d) 緊急事態及び事故の発生
　(e) 目的・目標達成後の措置

(2) 実務担当教員は、環境側面のレビューを原則として様式431を用いて行い、環境管理責任者の承認を得る。

4. 関連文書・記録

・環境側面影響評価表（様式431）

表1　環境影響発生の可能性と結果の重大性

評点	環境影響発生の可能性
	定常時における評価
3 大	①　再資源化が困難である。 ②　通常の事業活動下で発生の可能性が非常に高い。 ③　通常の事業活動下で週に1回程度発生する。 通常の事業活動下で大量に排出される。
2 中	（ア）　再資源化が一部可能である。 （イ）　通常の事業下で発生の可能性がある。 （ウ）　通常の事業活動下で月に1回程度発生する。 通常の事業下で排出されるが、量的に少ない。
1 小	①　100%近い再資源化が可能である。 ②　通常の事業活動下で発生の可能性はほとんどない。 ③　通常の事業活動下で年1回程度発生する。 通常の事業活動下ではほとんど排出されない。
評点	結果の重大性
3 大	①　周辺地域の環境に影響を与える可能性が非常に高い。 ②　人の健康、安全を脅かす可能性が非常に高い ③　資源の枯渇につながる可能性が非常に高い。 ④　利害関係者から苦情等が発生する可能性が非常に高い。
2 中	①　周辺地域の環境に影響を与える可能性がある。 ②　人の健康、安全を脅かす可能性がある。 ③　資源の枯渇につながる可能性がある。 ④　利害関係者から苦情等が発生する可能性がある。
1 小	①　周辺地域の環境に影響を与える可能性は非常に低い。 ②　人の健康、安全を脅かす可能性は極めて低い。 ③　資源の枯渇につながる可能性は非常に低い。 ④　利害関係者から苦情が発生する可能性は極めて低い。

4.3.2 法的及びその他の要求事項（Legal and other requirements）

組織は、次の事項にかかわる手順を確立し、実施し、維持すること。
(The organization shall establish, implement and maintain a procedure (s))

a) 組織の環境側面に関係して適用可能な法的要求事項及び組織が同意するその他の要求事項を特定し、参照する。

a) to identify and have access to the applicable legal requirements and other requirements to which the organization subscribe related to its environmental aspects, and

b) これらの要求事項を組織の環境側面にどのように適用するかを決定する。

b) to determine how these requirements apply to its environmental aspects.

組織はその環境マネジメントを確立し、実施し、維持するうえで、これらの適用可能な法的要求事項及び組織が同意するその他の要求事項を確実に考慮に入れること。

The organization shall ensure that these applicable legal requirements and other requirements to which the organization subscribes are taken into account in establishing, implementing and maintaining its environmental management system.

（解説）

① 「法的及びその他の要求事項」は、環境側面に適用可能な要求事項である。「著しい環境側面」にのみ適用可能な要求事項ではない。

② 「法的要求事項」は、環境側面に適用可能な法律、及び都道府県・市条例の記載のうち、環境側面に該当する具体的な部分である。いわゆる「環境法」に限定されない（消防法など）。次のようなものがある。

環境一般：環境基本法、循環型社会形成推進基本法（基本法は基本的な考えのみを示すものであり、それを要求事項として特定するか否かは組織の判断に基づく）

公害防止：特定工場における公害防止組織の整備に関する法律

公害規制：大気汚染防止法、水質汚濁防止法、騒音規正法、振動規正法、悪臭防止法、下水道法、浄化槽法、土壌汚染対策法等

土地利用に関する法律：工場立地法、土地計画法等
廃棄物・リサイクル：廃棄物の処理及び清掃に関する法律、各種リサイクル法、グリーン購入法、資源有効利用促進法等
化学物質規制・管理：特定化学物質の環境への排出量の把握等及び管理の改善の促進に関する法律（PRTR法）、化学物質の審査及び製造等の規制に関する法律（化審法）、ダイオキシン類対策特別措置法、毒物及び劇物取締法、薬事法等
自然保護：自然環境保護法、自然公園法等
地球温暖化問題：省エネ法、オゾン層保護法、フロン回収破壊法等
その他：消防法、高圧ガス保安法、放射線同位元素による放射線障害の防止に関する法律、労働安全衛生法等

③　その他の要求事項には、次のようなものがある。
・業界団体の要求事項（例：業界の申し合わせ事項など）
・公的機関との同意事項（例：公害防止協定、環境保全協定、地域住民との協定）
・顧客との合意
・規制以外の指針（例：自主基準、本社の環境方針・行政指導・行動指針等）

④　「参照できる手順」とは、「法的及びその他の要求事項」の最新情報を参照できる手順であり、要求事項特定のための組織外から法律などの最新版（最新情報）を入手する手順、及び外部から入手した最新情報に基づき具体的に特定した要求事項を組織内で活用するために参照できる手順の2通りである。いずれの手順も具体的なものである必要がある。

⑤　「組織の環境側面にどのように適用できるかを決定する」とは、特定した環境側面に適用可能な最新の要求事項を具体的に決めることである。すなわち、その名称だけでなく、規制の基準値、届出・報告内容、監視測定の内容・頻度・記録などの適用すべき具体的な法的要求事項を明らかにする必要がある（法律・条例のタイトルだけでは具体的な要求事項がわからない）。このことは、「その他の要求事項」にもあてはめる必要がある。

（大学の例）
4.3.2 法的及びその他の要求事項
　本学は、事業活動又は製品の環境側面に可能な、法的要求事項及び本学が同意するその他の要求事項を特定し、参照できるような手順を以下に定め、確立し、実施し、維持する。
1. 法的及びその他の要求事項の特定
　(1) 環境管理事務局は、本学に適用される環境関連の法規制（国の法律、地方自治体の条例）及びその他の要求事項（地方自治体との公害防止協定、地域住民との合意書）の要求内容を特定し、「法的及びその他の要求事項一覧表／評価表」記載する。
　(2) これらの要求事項は本学の環境側面に環境影響評価を実施するときに適用する。
2. 環境マネジメントシステムへの適用
　環境管理責任者は、環境マネジメントシステムを確立し、実施し、維持する上でこれらの適用可能な法的要求事項及び本学が同意するその他の要求事項を確実に考慮に入れる。
3. 最新版の管理
　(1) 環境管理委員会は、法律、条令などの発行、改正、廃止の都度、関係官公庁・団体、関連雑誌などから最新版を入手し、本学に関連する変更点がある場合は、「法的及びその他」の要求事項一覧表」の当該箇所を改訂する。これには実務担当教員が前期と後期に各1回、インターネット等により調査し、「法的及びその他の要求事項一覧表／評価表」に記録を残す。
　(2) 環境管理委員会は、設備や建物の新設、増設、改廃の都度、「法的その他の要求事項一覧表」をレビューし、必要に応じて改訂する。
4. 関連文書・記録
・法的及びその他の要求事項一覧表／評価表（様式432）

4.3.3 目的、目標及び実施計画（Objectives, targets and programme(s)）
　組織は、組織内の関連する部門及び階層で、文書化された環境目的及び目標を設定し、実施し、維持すること。
The organization shall establish, implement, and maintain documented

environmental objectives and targets, at relevant functions and levels within the organizations.

目的及び目標は、実施できる場合には<u>測定可能であること</u>。そして、汚染の予防、適用可能な法的要求事項及び組織が同意するその他の要求事項の順守並びに継続的改善に関するコミットメントを含めて、<u>環境方針に整合していること。</u>

The objectives and targets <u>shall</u> be measurable, where practicable, and consistent with the environmental policy, including the commitments to prevention of pollution, to compliance with applicable legal requirements and with other requirements to which the organization subscribes, and to continual improvement.

その目的及び目標を設定しレビューするにあたって、組織は、<u>法的要求事項及び組織が同意するその他の要求事項並びに著しい環境側面を考慮に入れること</u>。また、<u>技術上の選択肢</u>、<u>財務上</u>、<u>運用上及び事業上の要求事項</u>、並びに利害関係者の見解も考慮すること。

When establishing and reviewing its objectives and targets, an organization <u>shall</u> take into account the legal requirements and other requirements to which the organization subscribes, and its significant environmental aspect. It <u>shall</u> also consider its technological option, its financial, operational and business requirements, and the views of interested parties.

組織は、その目的及び目標を達成するための<u>実施計画</u>を策定し、実施し、維持すること。実施計画は次の事項を含むこと。

The organization <u>shall</u> establish, implement and maintain a programme(s) for achieving its objectives and targets . Programme(s) <u>shall</u> include

　a）組織の関連する部門及び階層における、目的及び目標を達成するための責任の明示

　(a) designation of responsibility for achieving objectives and target at relevant functions and levels of the organization, and

　b）<u>目的及び目標達成のための手段及び日程</u>

　(b) the means and time-frame by which they are to be achieved.

（解説）

① 目的・目標の内容や組織の規模によっては、各部門及び階層での目的・目標の設定を必要としない場合がある。その場合は、例えば環境目的は全組織共通とし、環境目標は各部門で設定するなど、各部門及び階層での設定にこだわることなく目的・目標を設定してもかまわない。
② 環境目的は、「環境方針を整合する全般的な環境の到達点」であり、到達点までのタイムスパンは、組織で設定すればよい。
③ 「環境目的及び目標を設定し、実施し、維持すること」との要求には、目的・目標とその達成実績の差異を把握し管理することも含まれると解釈する。
④ 目的・目標は、文書化を要求されており、「4.4.5 文書管理」の対象となる。
⑤ 「測定可能である」とは、達成度が判定できることと解釈する。必ずしも数値化が求められているわけではない。
⑥ 「環境方針に整合していること」の意味は、環境方針の中に記載される「（d）環境目的及び目標の設定及びレビューのための枠組みを与える」を反映した目的及び目標が設定されなければならないと解釈する。
⑦ 目的の設定及びレビューにおける配慮事項の具体的な例は、次の通りである。

・法的要求事項及び組織が同意するその他の要求事項：法的及びその他の要求事項が適用される環境側面の当該規制に対する状況
・技術上の選択肢：自社技術での実現可能性、新技術開発の必要性、適用技術の費用効果
・財務上、運用上及び事業上の要求事項：経済的観点からの実現可能性、現行の運用・活動での実現可能性、事業活動の維持・向上（競争力の向上など）の必要性
・利害関係者の見解：近隣住民からの苦情、顧客、納入先からの要望

⑧ 実施計画はその進捗状況が把握され、その結果に対して、検討・分析が具体的に行われる必要がある。また、検討・分析に基づき、目的・目標の達成が不可能な場合、達成手段が不適切な場合や達成日程に無理がある場合などには、目的や目標の変更を含め実施計画の内容は、適切に改定されなければならない。
⑨ 実施計画の様式やあり方にこだわる必要はない。例えば実施計画は組織

が従来から行っている目標管理などの中に組み込まれてもよい。
⑩ 「b 目的及び目標達成のための手段及び日程」の日程は、いつまでにどの程度行われるかを明確に示したものであることが必要である。

（大学の例）
4.3.3　目的、目標及び実施計画
　本学は、以下の手順に従って文書化された環境目的・目標を設定し、実施し、維持する。
1.　環境目的・目標の設定
　（1）実務担当教員は、環境目的・目標を設定するときは測定可能であること、汚染の予防、適用可能な法的要求事項及び本学が同意するその他の要求事項の順守及び継続的改善に関するコミットメントを含めて、環境方針に整合していることを確認の上、以下の事項に考慮する。
　（a）法規制及びその他の要求事項
　（b）著しい環境側面
　（c）利害関係者の見解（苦情、要望、高い関心）
　（d）事業上の要求事項（大学方針、事業方針）
　（e）運用上の要求事項（自主基準）
　（f）技術上の選択肢及び財政上の要求事項
ただし、(a)、(b)、(c)、(d)、(e) については、著しい環境側面を特定する際に考慮するものとする。
　（2）実務担当教員は、特定された著しい環境側面について、環境目的・目標を設定するための優先付けを行いその結果を「環境影響評価表」に記載する。
　（3）優先順位付けは、上述の (1) の (f) を考慮し、技術上の選択肢については改善の容易性の要素を、財政上の要求事項については経済性の要素を用いて評価する（表2参照）。評価点合計が7点以上をランクA、6点以下をランクBとする。
　（4）実務担当教員は、ランクAの環境側面について適切と認めたものに環境目的・目標を設定する。ランクBについては、維持管理を行う。
　（5）環境目的は、中期の視点から決定し、環境目標は、原則的として1年後のあるべき姿を具体的な数値として示す。
　（6）環境管理責任者は、実務担当教員が定めた環境目的・目標を「環境目

的・目標一覧表」にとりまとめ、理事長の承認に得るとともに関係部署に周知する。

2. 環境目的・目標のレビュー

(1) 実務担当教員は、原則として毎年3月に環境目的・目標のレビューを行い、必要に応じて改訂をおこなう。

(2) 実務担当教員は、以下の事項が生じた場合は、都度レビュー及び改訂を行う。

(a) 1. 環境目的・目標の設定（1）に掲げる事項に変化があり、不適合が生じた場合。

(b) 内部監査などで不適合の指摘を受けた場合。

(3) 削除

表2 環境目的及び目標設定のための評価

要素	評点	基準	
改善の容易性	5	極めて容易	技術的な問題がなくすぐに改善できる
	4	容易	①学内に適用可能な技術がある
			②学内に改善の実績がある
	3	中程度	①学外に適用可能な技術がある
			②学内に改善の実績がない
			③改善効果がわからない
	2	困難	①学外に関連の技術はあるが本学への適用は困難
			②改善効果が期待できない
	1	極めて困難	①学内外に適用可能な技術がない
			②技術的に開発段階である
経済性	5	極めて良い	①費用が安く。特別の予算措置を必要としない
			②投資効果が期待できる
	4	良い	①予算措置は必要だが比較的安い費用でできる
	3	中程度	①年度投資計画への計上が必要である
	2	悪い	①費用が高く、中長期の予算措置が必要である
	1	極めて悪い	①費用が巨額であり、当面実施不可

3. 実施計画

本学は、環境目的・目標を達成するための実施計画を以下の手順に従って策定し、実施し、維持する。

(1) 実施計画の策定
① 実務担当教員は、環境目的・目標に対応した実施計画を原則として毎年3月に策定し、環境管理責任者の承認を得る。
② 実施計画には次の事項を明確にする。
　(a) 環境目的・目標
　(b) 実行責任者
　(c) 達成のための手段
　(d) スケジュール
(2) 実施計画の維持
① 実施計画の実行責任者（実務担当教員）は、実施計画に定められたスケジュールに従って、環境目的・目標達成のための実施項目を実行する。
② 実務担当教員は、月末に環境管理責任者に実施計画の達成状況を報告する。環境管理責任者は環境管理委員会の場で3カ月に1回実施計画の達成状況を報告する。
4. 実施計画のレビュー
(1) 実務担当教員は、原則として毎年3月、又は次の事項が生じた場合、都度、実施計画のレビューを行う。
　(a) 事業活動の変更（新規事業の開始、事業の拡大・縮小・廃止等）により、実施計画の該当部分に改訂の必要が生じた場合
　(b) 予期せぬ事態により実施計画と著しく乖離（かいり）した場合
　(c) 環境方針、環境目的・目標を変更した場合
(2) レビューの結果、変更された実施計画は、環境管理責任者の承認を得る。
(3) 削除
5. 関連文書・記録
・ 目的・目標一覧表（様式433-1）
・ 年度環境目的・目標実施計画（様式433-2）

4.4 実施及び運用（Implementation and operation）
4.4.1 資源、役割、責任及び権限（Resources, role, responsibility and authority）
　経営層は、環境マネジメントシステムを確立し、実施し、維持し、改善す

るために不可欠な資源を確実に利用できるようにすること。資源には人的資源及び専門的な技能、組織のインフラストラクチャー、技術、並びに資金を含む。
Management shall ensure the availability of resources essential to establish, implement, maintain and improve the environmental management system. Resources include human resources and specialized skills, organizational infrastructure, technology and financial resources.
効果的な環境マネジメントを実施するために、役割、責任及び権限を定め、文書化し、かつ、周知すること。
Roles, responsibility and authorities shall be defined, documented and communicated in order to facilitate effective environmental management.
組織のトップマネジメントは、特定の管理責任者(複数も可)を任命すること。その管理責任者は、次の事項に関する定められた役割、責任、及び権限を、他の責任にかかわりなく持つこと。
The organization's top management shall appoint a specific management representative(s) who, irrespective of other responsibilities, shall have defined roles, responsibilities and authority for
　a) この規格の要求事項に従って、環境マネジメントシステムが確立され、実施され、維持されることを確実にする。
　a) ensuring that an environmental management is established, implemented and maintained in accordance with the requirements of this International Standard,
　b) 改善のための提案を含め、レビューのために、トップマネジメントに対し環境マネジメントシステムのパフォーマンスを報告する。
　b) reporting to top management on the performance of the environmental management system for review, including recommendations for improvement.
　(解説)
① 資源は組織なりの資源が用意されていればよい。
② システムの成功はすべての階層及び部門の関与にかかっている。したがって、役割、責任及び権限は、EMS に携わるトップマネジメント以下す

べてのメンバーが自分の役割、責任および権限は具体的である必要がある。
③ 環境委員会などの役割、責任権限も定める対象に入れることが必要。
④ 役割、責任及び権限は、文書化され、それぞれの組織にあった手段で周知されなければならない。
⑤ 管理責任者の任命は、いかなる形でもよいが、組織の中で周知される必要がある。任命書は必要でない。
⑥ 管理責任者の役割、責任、権限について
　a) 管理責任者は、すべての規格要求に関与する必要がある。関与の仕方は規定される必要はないが、規格要求に沿ったシステムの確立・実施・維持について職位・職制にかかわらず、組織全体に対する指揮命令権を行使することが必要である。組織図が用意されている場合、管理責任の組織図の位置づけは、それにあったものである必要がある。
　b) トップマネジメントに対するシステムのパフォーマンス報告は、次の通りである。
・ マネジメントレビューのための情報提供として報告を行う。内容は、マネジメントレビューのインプット項目である。
・ その他、トップマネジメントのレビューが必要な局面で、報告する。

　（大学の例）
4.4.1　資源、役割、責任及び権限
1.　環境マネジメント体制
　本学は、効果的な環境マネジメントを確立し、実施し、維持し、改善するために、図1に示す体制を構築し、資源、役割、責任及び権限を以下に定めて関連部署に伝達する。
2.　役割、責任及び権限
　環境マネジメントシステムに関連して果たすべき、理事長、環境管理責任者、実務担当教員などの主な役割、及び責任と権限は次のとおりである。
　（1）理事長
　（a）環境方針を定め、環境マニュアル及び環境目的・目標を承認する。
　（b）環境方針に基づき、環境マネジメントシステムを確立、実施、維持させ、その最終責任を負う。

(c) 環境管理責任者を任命し、他の責任にかかわりなく ISO14001 規格に従って環境マネジメントシステムを確立し、実施し、維持することを確実にする責任と権限を与える。
(d) 環境マネジメントシステムの実施及び管理に必要な人的資源、技術技能、本学のインフラストラクチャー及び資金などの経営資源を提供する。
(e) マネジメントレビューを行う。
(f) 環境管理委員会の委員会長として環境管理委員会を運営する。
(2) 学長
(a) 理事長を補佐する。
(3) 環境管理責任者
(a) ISO14001 規格に従って、環境マネジメントシステムの要求事項が確立され、実施され、かつ維持されることを確実にする。
(b) 環境マニュアルの作成と改訂を承認する。
(c) レビューのため及び環境マネジメントシステムの改善の基礎として、環境管理委員会に環境マネジメントシステムのパフォーマンスを報告する。
(d) 環境目的・目標の実施計画を承認する。
(e) 環境教育の実施計画を承認する。
(f) 内部監査で発見された不適合の是正処置を指示し、処置結果を承認する。
(g) 不適合の是正処置及び予防処置を指示し、実施した処置の有効性をレビューし、処置結果を承認する。
(4) 事務局長
(a) 環境管理責任者を補佐する。
(5) 実務担当教員
(a) 環境側面を抽出し、著しい環境側面を特定する。
(b) 環境目的・目標を設定し、実施計画を作成する。
(c) 環境教育を策定し実施する。
(d) 緊急事態及び事故の対応手順を定める。
(e) 内部監査を計画し、統轄する。
(f) 内部監査で発見された不適合の是正処置を行う。
(g) 監視及び測定を実施する。
3. 環境管理委員会
(1) 役割
(a) 4.6 に記載のインプット情報の報告と審議を行い、関係各部へ情報を

周知して、環境管理活動の円滑な推進を図るとともに、マネジメントレビューに必要な情報を理事長に提供する。
(b) 環境情報の収集を伝達及び利害関係者からの要望や苦情への対応を行う。
(c) 利害関係者への環境方針の公開窓口となる。
(2) 構成
(a) 環境管理委員会は、理事長、学長、環境管理責任者、事務局長、実務担当教員、各学科代表、事務局をもって構成する。
(b) 環境管理委員会の会長は、理事長とする。
(c) 事務局は総務課とする。
(3) 運営
(a) 少なくとも3カ月に1回、環境管理委員会を開催する。
(b) 内部監査責任者（実務担当教員）は、監査の結果の事項について報告する。
(c) 環境管理責任者は4.6に記載のインプット情報の事項について、情報や課題について報告する。
(d) 理事長は、審議案件に関する評価を行い、レビューを指示する。
(e) 議事録は事務局が作成する。

4.4.2 力量、教育訓練及び自覚（Competence, training and awareness）
組織は、組織によって特定された著しい環境影響の原因となる可能性をもつ作業を組織で実施する又は組織のために実施するすべての人が、適切な教育、訓練又は経験に基づく力量を持つことを確実にすること。また、これに伴う記録を保持すること。

The organization shall ensure that any person(s) performing tasks for it or on its behalf that have the potential to cause a significant environmental impact(s) identified by the organization is(are) competent on the basis of appropriate education, training or experience, and shall retain associated records.

組織は、その環境側面及び環境マネジメントシステムに伴う教育訓練のニーズを明確にすること。組織はそのようなニーズを満たすために、教育訓練を

提供するか、又はその他の処置をとること。また、これに伴う記録を保持すること。

The organization shall identify training needs associated with its environmental aspects and its environmental management system. It shall provide training or take other action to meet these needs, and shall retain associated records.

組織は組織で働く又は組織のために働く人々に次の事項を自覚させるための手順を確立し、実施し、維持すること。

The organization shall establish, implement and maintain a procedure(s) to make persons working for it or on its behalf aware of

　a) 環境方針及び手順並びに環境マネジメントシステムの要求事項に適合することの重要性。

　a) the importance of conformity with the environmental policy and procedures and with the requirements of the environmental management system,

　b) 自分の仕事に伴う著しい環境側面及び関係する顕在又は潜在の環境影響、並びに各人の作業改善による環境上の利点。

　b) the significant environmental aspect and related actual or potential impact associated with their work, and the environmental benefits of improved personal performance,

　c) 環境マネジメントシステムの要求事項との適合を達成するための役割及び責任。

　c) their roles and responsibilities in achieving conformity with the requirements of the environmental management system, and

　d) 規定された手順から逸脱した際に予想される結果。

　d) the potential consequence of departure from specified procedures.

（解説）

① 「著しい環境影響の原因となる可能性を持つ作業（tasks）」は組織の判断によるが具体的に特定されている必要がある。たとえば排水処理、排ガス処理、有害物質処理などの常に著しい環境影響と隣り合っているような作業で、操作や判断を誤ると著しい環境影響が生じる重要な職務をさす。

181

②　「著しい環境影響の原因となる可能性を持つ作業に従事する要員」は、適切・妥当な力量評価基準に基づき力量があることが認定されている必要がある。
③　力量評価基準は、「適切な教育、訓練」又は「経験」のいずれかに基づくものとする。基準の基になる適切な教育、訓練及び経験は、具体的に定められている必要がある。
④　ここでの記録は、作業者の認定記録、必要とする教育訓練又は経験を実証する記録を指す。
⑤　「教育訓練のニーズの明確化」とは、業務や作業の環境影響を考慮したうえで要員別に必要な教育訓練の内容を具体的に定めることである。
⑥　教育訓練のニーズの中には、本条項に関する全ての教育訓練が含まれる。
⑦　教育訓練のニーズは、全要員（従業員、構成員）について明確にする必要がある。要員には組織に所属する正社員などのほかに派遣社員、パートタイマー、アルバイト、組織の下で働く請負業者など組織の中で働くすべての人が含まれる。
⑧　訓練の記録の保管が必要である。
⑨　ニーズを満たすために計画された処置が未実施の場合、たとえば欠席者が出た場合は追加教育等が必要である。
⑩　「その他の処置」には配置転換、新規採用が含まれる。
⑪　「組織のために働く人々」とは適用範囲の中で、組織に依頼されて働く人々、たとえば構内外注などを指す。
⑫　「自覚させる手順」は、自覚のための教育訓練を行う手順である。規格要求の自覚させる内容は、教育訓練ニーズに含まれる必要がある。
⑬　教育訓練の成果として自覚が維持されている必要がある。

（大学の例）
4.4.2　力量、教育訓練及び自覚
1.　力量
　現在のところ本学における「著しい環境影響の原因となる可能性をもつ作業」は「内部環境監査作業」及び「産業廃棄物管理」とする。

・内部環境監査員の力量は、授業科目「〇〇〇」と授業科目「〇〇〇」の2科目合格者又は前者の合格者で後者の履修中の者をもって担保する。
・産業廃棄物管理は総務担当者が行う。産業廃棄物管理担当者の力量は、実務担当教員が指導教育することにより担保する。
2. 教育訓練のニーズに伴う教育訓練
　実務担当教員は、その環境側面及び環境マネジメントシステムに関する教育訓練のニーズを明確にし、そのようなニーズを満たすために本学の教職員並びに本学のために働く職員に対し必要な一般教育に関する「教育訓練計画書」を毎年3月に作成し実施するか、又はその他の処置をとる。実務担当教員は、これらの教育訓練の記録を保持する。
3. 自覚
　実務担当教員は、本学の教職員並びに本学のために働く職員に対し次の事項を自覚させる教育を実施する。
　(a) 環境方針及び手順並びに環境マネジメントシステムの要求事項に適合することの重要性。
　(b) 自分の仕事に伴う著しい環境側面及び関係する顕在又は潜在の著しい環境影響、及び各人の作業改善による環境上の利点。
　(c) 環境マネジメントシステムの要求事項との適合を達成するための役割と責任。
　(d) 規定された運用手順から逸脱した場合に予想される結果。
4. 関連文書・記録
・年度教育訓練計画書（様式442）
・教育訓練実施記録（様式442-1）

4.4.3 コミュニケーション（Communication）

組織は、環境側面及び環境マネジメントシステムに関して次の事項にかかわる手順を確立し、実施し、維持すること。

With regard to its environmental aspects and environmental management system, the organization shall establish, implement and maintain a procedure(s) for

　a) 組織の種々の階層及び部門間での内部コミュニケーション

a) internal communication among the various levels and functions of the organization,

b) <u>外部の利害関係からの関連するコミュニケーション</u>について受け付け、文書化し、対応する。

b) receiving, documenting and responding to relevant communication from external interested parties.

組織は、著しい環境側面について外部コミュニケーションを行うかどうかを決定し、その決定を文書化すること。外部コミュニケーションを行うと決定した場合には、この外部コミュニケーションの方法を確立し、実施すること。

The organization <u>shall</u> decide whether to communicate externally about its significant environmental aspects, and <u>shall</u> document its decision. If the decision is to communicate, the organization <u>shall</u> establish and implement a method(s) for this external communication.

（解説）

① EMS運用上、必要なコミュニケーションの手順が確立、維持されねばならない。コミュニケーションとは、一方的な情報伝達ではなく、双方向に有効な情報伝達である。

② 内部コミュニケーションの手段としては、環境情報連絡書等の文書及び会議体、Eメール等が考えられる。

③ 外部の利害関係者からの関連するコミュニケーションは、苦情だけでなく、要求、要望、賞賛、環境情報の伝達などが含まれる。それらを受けつけ、記録し、対応しなければならない。

④ ここでの外部コミュニケーションとは、「環境報告書」、「ニュースレター」、「インターネットサイト」、「地域での会合」などによる。「著しい環境側面に関する情報公開」と「外部の利害関係者に影響又は懸念を与えかねない事態（事故及び緊急事態発生時など）における外部利害関係者とのコミュニケーション」の両方を指す。

「情報公開」の要否は、組織の判断にゆだねられるが、外部の利害関係者に影響又は懸念を与えかねない事態、たとえば事故及び緊急事態発生時などが想定される場合は、外部コミュニケーションを行う必要性は原則あると解釈する。

このとき、その特定の関係者、たとえば自治体や周辺住民などとコミュニケーションをとる手続き・手順・情報開示する範囲及びその開示の判断基準等を事前にマニュアルなどに手順化する必要がある。
⑤ 組織は先ず著しい環境側面に関して外部コミュニケーションするか否かを検討して、その決定を文書化しなければならない。ここでの文書化とは環境委員会議事録等などへの記録又はEMS文書への記載が該当する。

（大学の例）
4.4.3　コミュニケーション
1.　内部コミュニケーション
　（1）学内から寄せられた環境情報の入手者は、その情報を実務担当教員にその情報を伝達する。
　（2）実務担当教員は、入手した環境情報を必要に応じて回覧などで種種の階層及び各部署に伝達するとともに、入手情報の内容、対応状況等を「環境情報記録」に記録し、環境管理責任者に報告する。これらの内容は環境管理委員会で報告される。
2.　外部コミュニケーション
　（1）地域住民、自治体などの外部の利害関係者からの苦情、要望、賞賛、問い合わせ等の環境情報（外部情報）は、環境管理責任者が受付け、対応し、「環境情報記録」に記録する。
　（2）環境管理責任者は、寄せられた外部情報に関して、外部コミュニケーションを行うかどうかを環境管理委員会で協議し、理事長の判断を仰ぐ。
3.　著しい環境側面に関する外部コミュニケーション
　（1）環境管理責任者は、著しい環境側面に関する外部コミュニケーションに関して、社会に対して有益な情報や環境汚染を及ぼす危険性があるものについては、本学のホームページや報告書などを通じて、環境管理委員会で協議し理事長の承認を経て公開する。
　（2）環境管理責任者は公開した情報を「環境情報記録」に記録する。
4.　関連文書・記録
・環境情報記録（様式443）

4.4.4 文書類 (Documentation)

環境マネジメントシステム文書には次の事項を含めること。
The environmental management system documentation shall include

　a）環境方針、目的及び目標
　a) the environmental policy, objectives and targets,
　b）環境マネジメントシステムの適用範囲の記述
　b) description of the scope of the environmental management system,
　c）環境マネジメントシステムの<u>主要な要素</u>、それらの<u>相互作用の記述</u>、並びに関係する文書の参照
　c) description of the main elements of the environmental management system and their interaction, and reference to related documents,
　d）この規格が要求する、記録を含む文書
　d) documents, including records, required by this International Standard, and
　e）<u>著しい環境側面に関係するプロセスの効果的な計画、運用及び管理を確実に実施するために、組織が必要と決定した、記録を含む文書</u>
　e) documents, including records, determined by the organization to be necessary to ensure the effective planning, operation and control of processes that relate to its significant environment aspects.

（解説）
① ここでは文書化が必要なものを取りまとめている。
② 「主要な要素」とは、構築されたEMSのなかで特に重要な要求事項やその要求事項により決められた環境方針や目的・目標などの重要事項である。「主要な要素」はその観点で組織が決めればよい。
③ 「相互作用の記述」とは、たとえば環境方針と環境目的と相互の関係に関する記述である。
④ 「関係する文書の参照」の意味は「関連する文書のつながりを示すこと」である。たとえば「関連する文書を必要とするマニュアルの記載や文書体系図などに、その関連する文書名を記載する」ことである。
⑤ e）については、運用管理に必要な文書を含めて、組織が文書化を必要と判断した文書を指す。文書化は次の場合に必要である。

- 手順を文書化しなかった場合に環境影響が生じる場合。
- 法的及びその他の要求事項の順守を実証する場合。
- その活動が整合性をもって実施されることを確実にする必要性がある場合。
- コミュニケーションや教育訓練実施の容易になる場合。

逆にいえば上記を満たすために、文書作成（又は記録）が必要ということである。

（大学の例）

4.4.4　文書類

本学の環境マネジメントシステム文書には以下の事項を含む。
　(1) 環境方針、目的及び目標
　(2) 環境マネジメントシステムの適用範囲の記述
　(3) 環境マネジメントシステムの主要な要素、それらの相互作用の記述、並びに関係する文書の参照
　(4) ISO14001規格が要求する記録を含む文書
　(5) 著しい環境側面に関係するプロセスの効果的な計画、運用及び管理を確実にするために本学が必要と決定した文書。

1.　環境マネジメントシステムの文書体系
　(1) 本学の環境マネジメントシステムの文書体系を下記に示す。

階層	種類	内容
一次文書	環境マニュアル	環境マネジメントシステム（EMS）の主要な要素、それらの相互作用を示した基本的な文書
	環境方針	経営者が宣言した環境に関する組織全体の方向付けを示す文書
二次文書	手順書	EMSを運営管理する基本となる文書。環境上の基準・方法
	記録一覧（H-001）	
	様式一覧（H-002）	
	外部文書	環境に関する外部の法令条例、行動指針、協定書、規格など
三次文書	記録	EMSの効果的運営、継続的改善などを実証する証拠

2. 環境マニュアル、手順書
 (1) 環境マニュアルとは、本学の環境マネジメントシステムの主要な要素（ISO14001 の各要求事項を含む）及びその相互作用を示したもので、本学において環境を管理する際の基本となる文書である。
 (2) 環境マニュアルは、実務担当教員が作成し、環境管理責任者の承認を得る。
 (3) 手順書は、4.4.5 項に従って作成する。

4.4.5 文書管理（Control of documents）

環境マネジメントシステム及びこの規格で必要とされる文書は管理すること。記録は文書の一種であるが、4.5.4 に規定する要求事項に従って管理すること。

Documents required by environmental management system and by this International Standard shall be controlled. Record are a special type of documents and shall be controlled in accordance with the requirements given in 4.5.4.

組織は、次の事項にかかわる手順を確立し、維持し、実施し、維持すること。
The organization shall establish, implement and maintain a procedure(s) to

 a) 発行前に、適切かどうかの観点から文書を承認する。
 a) approve documents for adequacy prior to issue,
 b) 文書をレビューする。また、必要に応じて更新し、再承認する。
 b) review and update as necessary and reapprove documents,
 c) 文書の変更の識別及び現在の改訂版の識別を確実にする。
 c) ensure that changes and the current revision status of documents are identified,
 d) 該当文書の適切な版が、必要なときに、必要なところで使用可能な状態にあることを確実にする。
 d) ensure that relevant versions of applicable documents are available at points of use,
 e) 文書が読みやすく、容易に識別可能な状態であることを確実にする。

e) ensure that documents remain legible and readily identifiable,

f) 環境マネジメントシステムの計画及び運用のために組織が必要と決定した外部からの文書を明確にし、その配布が管理されていることを確実にする。

f) ensure that documents of external origin determined by the organization to be necessary for the planning and operation of the environmental management system are identified and their distribution controlled, and

g) 廃止文書が誤って使用されないようにする。また、これらを何らかの目的で保持する場合には、適切な識別をする。

g) prevent the unintended use of obsolete documents and apply suitable identification to them if they are retain for any purpose.

（解説）
① EMS 文書全体を管理する手順が確立・維持されていなければならない。
② 「文書をレビューする」については、どういう場合にレビューするかの手順を決める必要がある。
③ 関連文書の最新版の利用が確実になっていなければならない。
④ 外部文書と言う場合、通常、ISO14001 規格と法律関係を指す。個別の契約書などは「記録」として保管しておけば良い。
⑤ 廃止文書が撤去されていない場合は、「旧版」等の識別が必要である。
⑥ 文書は、紙面のもの及び電子形式のものの両方を意味する。電子形式のものについては、電子形式を前提にした、規格要求に適う文書管理の手順を確立し、維持する必要がある。

（大学の例）
4.4.5 文書管理
本学は、ISO14001 規格が要求する全ての文書を管理する手順を以下に定め、実施し、維持する。
1. 管理する文書
（1）本学は、環境マネジメントシステムに関連する内部文書（環境マニュアル、手順書等）及び ISO 規格、法律、条令などの外部文書を文書管理の対

象とする。
　(2) 内部文書は、「内部文書・外部文書一覧表」に記し、以下の手順に従って管理する。
2. 文書の作成、承認及び発行
　(1) 文書は、簡潔で読みやすく、制定日・改定日および文書番号を付して、容易に識別できるものとする。
　(2) 文書は発行前に、環境管理責任者が適切かどうかの観点から文書を承認する。
　(3) 実務担当教員は、制定された文書を配布先に「管理版」として配布し、「管理版」の配布先と配布年月日を「文書配布先管理記録」に記録する。
3. 文書のレビュー及び再承認
　(1) 実務担当教員は、環境監査の実施時期などに合わせて定期的（1回／年）に文書のレビューを行い、必要に応じて更新し、環境管理責任者が再承認する。
　(2) 実務担当教員は、配布先で改訂文書を旧版と交換しその年月日を「文書配布先管理記録」に記載する。
4. 文書の保持及び廃止
　(1) 実務担当教員は、原本とともに「文書配布先管理記録」を保持する。
　(2) 文書の改訂が行われた場合、旧版の原本については実務担当教員が廃棄を行う。なお、旧版を保管する必要がある場合は、当該文書に『旧版』と明記して保管する。
　(3) 改訂以外の理由で文書そのものを廃棄する場合は、実務担当教員が「文書配布先管理記録」に廃止理由を記入し、原本と配布文書を廃棄する。
5. 外部文書の管理
　(1) 実務担当教員は、外部文書を容易に識別できるように「内部文書・外部文書一覧表」に示し、最新版の管理を行う。外部文書の旧文書を残す場合は、当該文書に『旧版』と明記する。
　(2) 本学では外部文書の配布管理は必要がないので行わない。
6. 記録様式の改訂は実務担当教員が環境管理責任者の承認を得て実施する。様式は、「様式一覧」で管理（パソコン）する。
6. 関連文書・記録
・文書配布先管理記録（様式445）
・内部文書・外部文書一覧（様式445-1）
・様式一覧（文書番号 H-002）

4.4.6 運用管理（Operational control）
組織は、次に示すことによって、個々の条件の下で確実に運用が行われるように、その環境方針、目的及び目標に整合して特定された著しい環境側面に伴う運用を明確にし、計画すること。
The organization shall identify and plan those operations that are associated with the identified significant environmental aspects consistent with its environmental policy, objectives and targets, in order to ensure that they carried out under specified conditions, by

　a）文書化された手順がないと環境方針並びに目的及び目標から逸脱するかもしれない状況を管理するために、文書化された手順を確立し、実施し、維持する。

　a) establishing, implementing and maintaining a documented procedure(s) to control situation where their absence could lead to deviation from the environmental policy, objectives and target, and

　b）その手順には運用基準を明記する。

　b) stipulating the operating criteria in the procedure(s), and

　c）組織が用いる物品及びサービスの特定された著しい環境側面に関する手順を確立し、実施し、維持すること、並びに請負者を含めて、供給者に適用可能な手順及び要求事項を伝授する。

　c) establishing, implementing and maintaining procedures related to the identified significant environmental aspects of goods and services used by the organization and communicating applicable procedures and requirements to supplies, including contractors.

（解説）
① 「その環境方針、目的及び目標に整合して特定された著しい環境側面」とは「環境方針、目的、目標と一貫性のある著しい環境側面」あるいは「環境方針、目的、目標と繋がっている著しい環境側面」あるいは「環境方針、目的、目標と繋がっている環境側面」と解釈する。
② 「個々の条件の下で確実に運用が行われるよう…計画すること」とは、何か特定の条件設定を要求しているわけではなく、また、実施計画のような計画を要求していると解釈しないのが一般的である。

③ 要求事項a)「文書化された手順がないと環境方針並びに目的及び目標から逸脱するかもしれない状況」とは、文書化した手順がないと、環境方針で約束している汚染の予防や法の順守が危うくなる状況や、目的・目標の達成がおぼつかないような状況を意味する。たとえば、産業廃棄物処理に関する手順書がそうした状況に適用する手順書となる。逆に言えば、手順書がなくても逸脱しないと合理的に判断されれば手順の文書化は不要としてよい。
④ 要求事項b) 運用基準は、何らかの環境に関る基準であって、単なる装置の運転基準等とは異なる。装置の運転基準であっても、たとえば、ある条件範囲で運転しないと「黒煙が出る」「ダイオキシンが発生する」というような場合、この条件範囲が運用基準となる。
⑤ 要求事項c)「組織が用いる物品及びサービスの特定された著しい環境側面」とは「環境側面 4.3.1 環境側面」にて「影響力を及ぼすことができるとして特定した環境側面」の中の著しい環境側面である。
⑥ 「特定された著しい環境側面に関する手順」及び「請負者を含めて、供給者に適用可能な手順および要求事項を伝達する」にある「手順」とは環境側面の管理や法順守などの管理手順、すなわち環境負荷を維持・低減・予防・緩和するための手順など）である。

（大学の例）
4.4.6 運用管理
　本学は、環境方針、環境目的・目標を確実に遂行するために、著しい環境側面に関連する運用を明確にする。
1. 運用管理のための手順
　本学は、これらの運用を、次に示すことにより、確実に実行されるように計画する。
　（1）環境方針の実行、環境目的・目標並びに実施計画の達成、法規制等の順守及び維持管理のために必要な手順書等を作成し維持する。
　（2）それらの手順書には管理基準等の必要な運用基準を明記する。
　（3）本学が用いる購入品及び外注業務の特定された著しい環境側面に関する手順を確立し、維持する。
2. 供給者の管理

著しい環境側面に該当する物品を購入する際、又は著しい環境側面に関連する業務を外注委託する場合は、次の手順に従う。
① 　各部署の課長が供給業者や外注委託業者に環境方針や必要な手順書などを配布し、配布記録（「供給者文書配布一覧表」）をつける。
② 　環境管理責任者は課長会で配布記録を回収し、確実に配布されていることを確認し、全課の一覧表（「供給者文書配布一覧表」）を作成する。
③ 　環境方針や目的・目標が変更された時は新たに配布する。
3.　関連文書・記録
・照明・空調機器省エネ手順書（T-001）
・供給者文書配布一覧表（様式446）

4.4.7　緊急事態への準備及び対応（Emergency preparedness and response）
組織は、環境に影響を与える可能性のある潜在的な緊急事態及び事故を特定するための、またそれらにどのようにして対応するかの手順を確立して対応するかの手順を確立し、実施し、維持すること。
The organization shall establish, implement and maintain a procedure(s) to identify potential situations and potential accidents that can have an impact(s) on the environment and how it will respond to them.
組織は、顕在した緊急事態や事故に対応し、それらに伴う有害な環境影響を予防または緩和すること。
The organization shall respond to actual emergency situations and accidents and prevent or mitigate associated adverse environmental impact.
組織は、緊急事態への準備及び対応手順を、定期的に、また特に事故又は緊急事態の発生の後には、レビューし、必要に応じて改定すること。
The organization shall periodically review and, where necessary, revise its emergency preparedness and response procedures, in particular, after the occurrence of accidents or emergency situations.
組織は、また、実施可能な場合には、そのような手順を定期的にテストすること。
The organization shall also periodically test such procedures where

practicable.
　（解説）
①　ここでは、緊急事態及び事故について、可能性を特定する手順が求められている。「可能性の特定」は、「組織の中で発生しうる具体的な緊急事態及び事故の可能性の特定」を意味しており、一般的な緊急事態を言われる「地震」などの天災は、事故及び緊急事態の引き金にはなるが、それ自体は「緊急事態及び事故」にはあたらない。特定結果は、たとえば「地震発生による重油配管の破損による重油の漏洩」のように環境影響を含め具体的に表現される必要がある。緊急事態及び事故の可能性を特定する手順は「4.3.1 環境側面」を参照すること。
②　「対応」が3カ所で出てくる。最初のパラグラフで出てくる「対応」は潜在的なつまり起こる可能性がある緊急事態及び事故に対して前もってどうするかを決めて準備することであるので「予防処置」と「緩和処置」の両方を考慮に入れて手順にしておく必要がある。

　2番目のパラグラフは、顕在化したつまり実際に起こった緊急事態及び事故への「対応」であるから、緊急事態等が起きれば第1パラグラフで準備した「予防処置」や「緩和処置」を行うことになる。この際、応急的な緩和処置、有害な環境影響を伴う二次災害を予防するための処置を行わなければならない。「予防処置」の具体例は次のようなものである。

　(1)　火災が発生したとき、火災が広がらないように、石油缶、LPGボンベを移動させる。
　(2)　地震で排水処理が有効でなくなり、汚水が河川に流れるというときには、非常用タンクに一時汚水を貯め置き、河川への流出を予防する。
　(3)　地震が起きて油などが流出しても、すぐ河川の汚染につながらないように土のうを積む。

　「緩和処置」は、予防しても防ぎきれずに発生した、あるいは予防策を取る暇なく環境影響が始まった場合、環境影響を小さく抑えるようにする処置と考えればよい。たとえば石油を流出させたとき、乳化剤を散布して水で洗い、回収するなどが考えられる。

　「予防する手順」とは上記で述べたように、緊急事態及び事故の発生後に生じる環境影響を予防する手段であって、緊急事態及び事故の発生を予防す

る手順ではない。緊急事態及び事故の発生を予防する手順は「4.5.3　不適合並びに是正処置及び予防処置」で求められる性格のものである。
③　準備とは、消火器、土のうなどの対応のための設備・器具や体制を含む。
④　手順のレビューは定期的に実施しなければならない。このレビューは後述の手順の定期テストに併せて実施してもよい。
⑤　テストの意味は、手順の評価をし、必要があれば改訂することが含まれると解釈する。要員に対する訓練だけでなく、事故・緊急時に作動する装置、設備等の点検、動作確認を含む。
⑥　テスト結果は評価される必要がある。
⑦　「実行可能な場合」とは、テストに考慮すべき危険を伴ったり、経済的問題などの経営上の問題がある等で実行不可能な場合以外とする。つまり、合理的な理由がない限りテストを行う必要がある。テスト可能と不可能を区分しておくことが望ましい。

（大学の例）
4.4.7　緊急事態への準備及び対応
　環境管理委員会は、環境に影響を及ぼす可能性のある事故及び緊急時を火災による大気汚染、廃棄物の産出と特定し、かつ、それに対応するための手順を確立し、実施し、維持する。
1.　事故及び緊急事態発生時の対応
　実際に事故及び緊急事態が発生した時には、各部門は「危機対応マニュアル」に従って次の処置をとる。
　　（1）事故及び緊急事態に伴う有害な環境影響に対する予防又は緩和処置
　　（2）事故及び緊急事態の関連部署への連絡、あるいは外部への報告
2.　事故又は緊急事態発生後の手順のレビュー及び改訂
　環境管理委員会あるいは担当部門は、下記手順を実施した後、並びに事故又は緊急事態発生後に、緊急事態への準備及び対応の手順をレビューし、改訂する。
3.　手順の定期テスト
　環境管理委員会あるいは担当部門は、実行可能なものについて年1回、手順をテストし、その有効性を確認する。

4. 関連文書・記録
・危機対応マニュアル（ISO とは別管理）
・緊急事態訓練記録（様式 447-1）
・緊急事態報告書（様式 447-2）

4.5.1 監視及び測定（Monitoring and measurement）
組織は、著しい環境影響を与える可能性のある運用のかぎ（鍵）となる特性を定常的に監視及び測定するための手順を確立し、実施し、維持すること。この手順には、パフォーマンス、適用可能な運用管理、並びに組織の環境目的及び目標との適合を監視するための情報の文書化をふくめること。

The organization shall establish, implement and maintain a procedure (s) to monitor and measure, on a regular basis, the key characteristics of its operations that can have a significant environmental impact. The procedure(s) shall include the documenting of information to monitor performance, applicable operational controls and conformity with the organization's environmental objectives and target.

組織は、校正された又は検証された監視及び測定機器が使用され、維持されていることを確実にし、また、これに伴う記録を保持すること。

The organization shall ensure that calibrated or verified monitoring and measurement equipment is used and maintained and shall retain associated record

（解説）
① 「著しい環境影響を与える可能性のある運用」には、「4.3.1 環境側面」に基づき決定された著しい環境側面に関連する「運用」を含める必要がある。運用の対象を組織の決定で広げてもよい。
② 「鍵となる特性」とは、環境管理上で重要な確認すべき運用の性質をあらわす管理項目である。それは、「継続的な改善が進んでいるかどうかの判断」、「環境影響の問題が生じていないかどうかの確認」や「環境関連の法規制が守られているかどうかの確認」のために把握する必要がある、運用の環境影響に関連する性質である。

例：電力の使用量（kWh/月）、廃棄物分別状況、廃棄物の排出量（kg/月）
③ 「パフォーマンス、適用可能な運用管理、並びに組織の環境目的及び目標との適合を監視するための情報の文書化をふくめること」とは、「鍵となる特性」に環境目的・目標に対する実績と運用管理基準に対する実績を含め、それらを測定し、その結果であるパフォーマンスを記録しなければならないことである。

環境目的・目標に対する実績と運用管理基準に対する実績以外の「鍵となる特性」は、法的要求事項に対する実績等、組織の判断で決めることになる。
④ 構成又は検証対象とすべき監視及び測定機器の選定は、組織の判断によるが、法規制値及び自主基準への適合を実証するために使用するものは校正が必要である。

構成又は検証を外注した場合やレンタルの機器使用の場合は、校正記録の写しを入手し保管することが必要である。また、測定を外部委託している場合は、測定結果の妥当性を証明する記録が必要である。環境計量事業場による証明書等である。

（大学の例）
4.5.1　監視及び測定
1.　環境に著しい影響を与える可能性のある作業・業務について、各部門担当はその特性を定常的に監視及び測定する。
2.　監視及び測定する項目
　（1）本学の環境マネジメントシステムの実績
　（2）法規制等及び運用管理上の実績を示す特性又は項目
　（3）環境目的・目標の達成状況
3.　監視機器の校正維持
※現時点では該当する項目はないが、発生した際に実施する。
　監視及び測定に使用する機器については、その機器の使用責任者が管理し、取得するデータの信頼性確保のため、適正に校正された状態で使用する。環境測定を外部に依頼する時は、環境計量証明書を発行できる事業所を選択する。また、学内の機器を校正する場合には、環境管理委員会が学外の測定機器メーカーに依頼する。校正の記録は環境管理委員会事務局が保管する。

> 4. 関連文書・記録
> ・監視及び測定項目一覧表(様式451)

4.5.2 順守評価(Evaluation of compliance)

4.5.2.1 順守に対するコミットメントと整合して、組織は、適用可能な法的要求事項の手順を確立し、実施し、維持すること。

Consistent with its commitment to compliance, the organization shall establish, implement and maintain a procedure(s) for periodically evaluating compliance with applicable legal requirements.

組織は、定期的な評価の結果を残すこと。

The organization shall keep records of the results of the periodic evaluations.

4.5.2.2 組織は、自らが同意するその他の要求事項の順守を評価すること。組織は、この評価を4.5.2.1にある法的要求事項の順守評価に組み込んでもよいし、別の手順を確立してもよい。

The organization shall evaluate compliance with other requirements to which it subscribes. The organization may wish to combine this evaluation with the evaluation of legal compliance referred to in 4.5.2.1 or to establish a separate procedure(s).

組織は、定期的な評価の結果の記録を残すこと。

The organization shall keep records of the results of the periodic evaluation.

　(解説)

① 評価の対象は、「4.3.2 法的及びその他の要求事項」に基づき特定された「法的要求事項」のすべてである。よってその対象は、法規制の基準値に限らず、施設の届け出、公害防止管理者等の届け出、産業廃棄物の管理(業者との契約書、業者の許可書、マニフェストの管理など)、危険物の管理等、法的要求事項全般を含む。

② この規格要求事項の主旨は、日常の監視・測定とは別に法順守を確実にするために、法的要求事項が順守されているかを、定期的に評価せよとの

要求である。

③ 法規制の基準値については、基準値に対して測定実績値が適合しているかどうかを評価する必要がある。

（大学の例）
4.5.2 順守評価
1. 法的及びその他の要求事項の順守評価
 (1) 実務担当教員は順守に対するコミットメントと整合して、適用可能な法的要求事項並びに本学が同意するその他の要求事項の順守評価を前期末と後期末（年2回）に実施し、維持する。基準からの逸脱が発見されたときは、4.5.3項に従って処置する。
 (2) その定期的な評価結果を4.3.2の「法的及びその他の要求事項一覧表／評価表」に記録する。
2. 関連文書・書類
・法的及びその他の要求事項一覧表／評価表（様式432）

4.5.3 不適合並びに是正処置及び予防処置（Nonconformity, corrective action and preventive action）

組織は、顕在及び潜在の不適合に対応するための並びに是正処置及び予防処置をとるための手順を確立し、実施し、維持すること。その手順では、次の事項に対する要求事項を定めること。

The organization shall establish, implement and maintain a procedure(s) for dealing with actual and potential nonconformity(ies) and for taking corrective action and preventive action. The procedure(s) shall define requirements for

 a) 不適合を特定し、修正し、それらの環境影響を緩和するための処置をとる。

 a) identifying and correcting nonconformity(ies) and taking action(s) to mitigate their environmental impacts,

 b) 不適合を調査し、原因を特定し、再発を防ぐための処置をとる。

b) investigating nonconformity(ies), determining their cause(s) and taking actions in order to avoid their recurrence,

(c) 不適合を予防するための処置の必要性を評価し、発生を防ぐために立案された適切な処置を実施する。

(c) evaluating the need for action(s) to prevent nonconformity(ies) and implementing appropriate actions designed to avoid their occurrence.

(d) とられた是正処置及び予防処置の結果を記録する。

(d) recording the result of corrective action(s) and preventive action(s) taken, and

(e) とられた是正処置及び予防処置の有効性をレビューする。

(e) reviewing the effectiveness of corrective action(s) and preventive action(s) taken.

とられた処置は、問題の大きさ、及び生じた環境影響に見合ったものであること。

Actions taken shall be appropriate to the magnitude of the problems and the environmental impacts encountered.

組織は、いかなる必要な変更も環境マネジメントシステム文書に確実に反映すること。

The organization shall ensure that any necessary changes are made to environmental management system documentation.

（解説）

① 是正処置は顕在の不適合に対応し、予防処置は潜在の不適合に対応する。

② 不適合とは、「要求事項を満たしていない」ことである。ここでの要求事項には、

(1) 規格の要求事項

(2) 法的及びその他の要求事項

(3) 組織が規格に適合するために定めた要求事項

が含まれる。

③ 「潜在する不適合」とはまだ顕在化していない、すなわち、現実にはまだ現れていないが起こりうる不適合のことである。この検出方法、あるいは予防処置に着手するきっかけは次のようなものである。

（1）監視測定結果の評価。たとえば水質測定結果がある傾向をもって悪化しつつある場合。規制値や管理基準を超えないうちに専門家の診断・助言を得て処置することは「予防処置」である。

（2）水平展開。たとえば他組織で配管の磨滅によるによる蒸気漏れ事故が起きたという情報を得た場合。自組織でも類似の事故が起こりうるかどうかを検討し、その結果、配管を交換する場合。これは「予防処置」である。

（3）近隣住民からの苦情・通報。たとえば近隣住民から工場からの騒音が大きくなったという苦情をうけた。実際、騒音を測定すると法定基準内であったが機械に何か異常があるとさらに大きい騒音が出る可能性があるので、防音壁を新築した場合。これは「予防処置」である。

（4）その他、内部監査や社員の内部コミュニケーションも予防処置のきっかけとなる。

③ a)は顕在の不適合に対する対応。b)は是正処置 c)は予防処置である。
④ 「修正」は、顕在化した不適合そのものに対する処置であり、緩和処置はその不適合によって環境に生じた負の影響を和らげる処置である。
例えば、油タンクの配管に亀裂が生じて油が流出した場合では、配管の亀裂をふさぐのが「修正」、流出した油を回収するのが「緩和処置」となる。
⑤ 有効性のレビューは、処置実施後一定期間を経過した後に実施する必要がある。
⑥ 予防処置が実施されていない場合でも、少なくとも、潜在する不適合特定のためのデータや情報の入手・蓄積及び検討の実施など、予防処置を行うための行動がとられている必要がある。
⑦ 緊急事態及び事故の発生を予防する処置は、本条項の予防処置に含まれる。

（大学の例）
4.5.3 不適合並びに是正処置及び予防処置
1. 不適合の定義
    本学では以下に不適合を定義し、2. 以下の事項を実施する。
    （1）環境方針、環境目的からの逸脱、3カ月連続の目標の未達成。
    （2）環境関連の法規制及びその他の要求事項、自主基準からの外れ

(3) 利害関係者の要求事項からの外れ（近隣苦情、行政指導など）
　(4) 本学が定める環境マニュアル、手順書などからの逸脱
　(5) 内部監査及び外部審査による指摘
　但し、(5) 項の内部監査による不適合管理及び是正処置は、4.5.5 項に従って行う。
2. 不適合の発見
　不適合の発見は以下の事項を情報源とする。
　(1) 監視・測定の結果
　(2) 内部環境監査及び外部環境監査の結果
　(3) 法規制等順守評価の結果
　(4) 利害関係者からの苦情、関心事
　(5) 内部コミュニケーション、改善提案等
3. 是正処置
　実際に発生した不適合に対して原因を除去するための処置であり、効果の確認までをいう。
4. 予防処置
　起こり得る不適合の発生を未然に防ぐための活動及び事前の予防策をいう。
5. 是正処置及び予防処置の管理手順
　(1) 顕在する不適合を発見又は気づいた部門は実務担当教員の協力を得てこれを修正し、環境影響の緩和処置を行う。
　(2) その部門の環境管理委員会メンバーが実務担当教員の協力の下、「不適合報告書」を発行する。
　(3) その部門は、自部門に関する顕在又は潜在する不適合であればその原因を特定し、それに見合った是正処置を行う。他部門に責任があるものであればすぐに該当部門に連絡し処置する。これらには実務担当教員が協力する。
　(4) 潜在の不適合に対しては、責任部門は、その予防処置の必要性を評価し、必要がある時は、その処置を実施する。これらには実務担当教員が協力する。
　(5) 是正処置及び予防処置は、問題の大きさ並びに環境影響の程度に見合ったものとする。
6. 是正処置及び予防処置の完了報告
　責任部門は、是正処置及び予防処置の結果を実務担当教員の協力をへて「不適合報告書」に記載し、環境管理責任者に報告する。「不適合報告書」は

環境管理委員会が保管する。
7. 環境マネジメントシステム文書の改訂
環境管理責任者は、各種不適合に対する再発防止を図るため、是正処置及び予防処置の有効性をレビューし、環境マニュアル、規定、手順書等の環境マネジメントシステム文書の改訂を要する場合はこれを改訂する。但し、下記の場合は実施しない。
(1) 不適合の原因が特殊で再発の恐れがない場合。
(2) 不適合の原因が本学の管理外である場合。
8. 関連文書・記録
・不適合報告書（様式453）

4.5.4 記録の管理（Control of records）

組織は、組織の環境マネジメントシステム及びこの規格の要求事項への適合並びに達成した結果を実証するのに必要な記録を作成し、維持すること。

The organization shall establish and maintain records as necessary to demonstrate conformity to the requirements of its environmental management system and of this International Standard, and the results achieved.

組織は、記録の識別、保管、保護、検索、保管時期及び廃棄についての手順を確立し、実施し、維持すること。

The organization shall establish, implement and maintain a procedure(s) for the identification, storage, protection, retrieval, retention and disposal of records.

記録は、読みやすく、識別可能で、追跡可能な状態を保つこと。

Records shall be and remain legible, identifiable and traceable.

（解説）
① EMSが要求事項に適合しているか、EMSが効果的に運用されているかの証拠を示さなければならない。

　記録はEMS運用の証拠であり、また記録は組織にとって後日利用、活用の価値がある事が重要である。規格が記録を要求しているものは当然何らか

の形で残さなければならないが、それ以外の記録は組織にとって何を残しておくことが重要であるかという観点に立って記録するかどうかを決める。その場合の記録はすべて、この要求事項を適用する環境記録として取り扱うことが必要である。

審査で要求されるかもしれないからといった理由で、記録を山のように築くようなことは避けたい。

活動が定着し、改善活動がみられた結果、著しい環境側面からはずれて監視・測定の必要がなくなったら、記録をとる対象外とすることもよい。記録はこの規格への適合を実証する唯一の証拠ではない。例えば、現場、現物なども規格への適合を実証する証拠となりうるのである。

（大学の例）
4.5.4　記録の管理
　本学は、記録の識別、保管、保護、検索、保管期間のための手順を次に定め、実施し、維持する。
　(1) 当該マニュアルをはじめとする環境マネジメントシステム文書に定められているとおりに業務を行っていることを立証する記録を作成、保管する。
　(2) 記録は、環境マネジメントシステムの実施及び運用に必要な情報も記録に含めるものとする。
　(3) 記録は、読みやすく、識別可能であり、環境目的・目標の達成度が確認でき、関連した活動などへの追跡が可能なものとする。
　(4) 環境事務局は、記録の保管責任者、保管期間、及び保管場所などを定めた「記録一覧表」を作成し、これを管理する。
　(5) 「記録一覧表」に記載された保管責任者は、記録であることを識別したファイルに当該記録を種類別に区分し、検索しやすいように見出しを付け、保管期間を明示して、損傷、劣化及び紛失しないように保管する。

（大学の例）
4.5.4　記録の管理
　本学は、記録の識別、保管、保護、検索、保管期間のための手順を次に定め、実施し、維持する。
　(1) 当該マニュアルをはじめとする環境マネジメントシステム文書に定め

られているとおりに業務を行っていることを立証する記録を作成、保管する。
　（2）記録は、環境マネジメントシステムの実施及び運用に必要な情報も記録に含めるものとする。
　（3）記録は、読みやすく、識別可能であり、環境目的・目標の達成度が確認でき、関連した活動などへの追跡が可能なものとする。
　（4）環境事務局は、記録の保管責任者、保管期間、及び保管場所などを定めた「記録一覧表」を作成し、これを管理する。
　（5）「記録一覧表」に記載された保管責任者は、記録であることを識別したファイルに当該記録を種類別に区分し、検索しやすいように見出しを付け、保管期間を明示して、損傷、劣化及び紛失しないように保管する。
　（6）実務担当教員は、「記録一覧表」に記載された保管期間を経過した記録を破棄する。
1．関連文書・記録
・記録一覧表（H-001）

4.5.5　内部監査（Internal audit）

組織は、次の事項を行うために、あらかじめ定められた間隔で環境マネジメントシステムの内部監査を確実に実施すること。

The organization shall ensure that internal audits of the environmental management system are conduct at planned intervals to

　a）組織の環境マネジメントシステムについて次の事項を決定する。

　2）この規格の要求事項を含めて、組織の環境マネジメントのために計画された取り決め事項に適合しているかどうか。

　3）適切に実施されており、維持されているかどうか。

　b）監査の結果に関する情報を経営層に提供する。

　a）determine whether the environmental management system

　1）conforms to planned arrangements for environmental management including the requirements of this International Standard, and

　2）has been properly implemented and is maintained, and

　b）provide information on the results of audits to management.

監査プログラムは、当該運用の環境上の重要性及び前回までの監査の結果を

第3部　環境マネジメントシステム ISO14001

考慮に入れて、組織によって計画され、策定され、実施され、維持されること。
Audit programme(s) shall be planned, established, implemented and maintained by the organization, taking into consideration the environmental importance of the operation(s) concerned and the results of previous audits.
次の事項に対処する監査手順を確立し、実施し、維持すること。
―監査の計画及び実施、結果の報告、並びにこれに伴う記録の保持に関する責任及び要求事項
―監査基準、適用範囲、頻度及び方法の決定
Audit procedure(s) shall be established, implemented and maintained that address
-the responsibility and requirements for planning and conducting audits, reporting results and retaining associated records.
-the determination of audit criteria, scope, frequency and methods.
監査員の選定及び監査の実施においては、監査プロセスの客観性及び公平性を確保すること。
Selection of auditors and conduct of audits shall ensure objectivity and the impartiality of the audit process.
　（解説）
①　「計画された取り決め」とは、ISO14001規格のほかに、組織自ら従うことを決めたじこうであり、監査基準とするものである。
　②　「監査プログラムは環境上の重要性に基づいていなければならない」とは、「組織活動の中で環境に関して特に考慮すべき対象、重要な対象に焦点をあてて監査プログラムを確立しなければならない」、あるいは「組織の各活動の環境面での重要度を考慮した監査プログラムを考慮しなければならない」という意味である。この要求事項は、「組織の部署ごとにその活動の性格に基づき監査内容を変えるべきである」との考えに立つ。「特に考慮すべき対象、環境面で重要度の高い活動」の一般的に考えられる具体例は次のようなものである。
　(1) 著しい環境側面に関する運用や活動

(2) 外部利害関係者から苦情を受けている運用や活動
(3) 新規の活動や組織変更で設けられた新規部署
(4) 不適合が多発している運用や活動
(5) 不適合や「事故及び緊急事態」の発生が懸念される活動
(6) 新たに制定された環境法規制の適用を受ける環境側面に関する運用や活動など

③ 監査基準の内容には「監査実施」及び「監査結果の報告」に対する要求事項を含める必要があり、内部監査の指摘事項に対する是正処置の手順を含める必要がある。監査手順の内容はISO19011:2003を参照すること。

④ 監査の範囲については、組織が定めた期間内（多くの場合は1年）に、全ての部署をカバーする監査を実施する必要がある。

⑤ 監査対象にはトップマネジメント及び管理責任者に関する事項を含める必要がある。ただしトップマネジメントは直接監査の対象にしなくてもよい。

⑥ 少なくとも監査員は、監査対象となる活動に責任を負っていない必要がある。つまり監査員は自分が所属する部署以外の監査を行う必要がある。

（大学の例）
4.5.5 内部監査
　本学は、実施すべき定期内部監査のプログラム及び手順を以下に定め、実施し、維持する。
1. 内部監査の計画（以下でいう内部監査責任者は実務担当教員のことである。）
　(1) 内部監査責任者は、本学の環境マネジメントシステムが次の (a)、(b) を満たしているかどうか決定するために、毎年、原則として1回、内部監査を計画し、実施する。
　(a) ISO1400 規格の要求事項を含めて、環境マネジメントのために計画された取り決め事項に適合しているかどうか
　(b) 適切に実施され、維持されているかどうか
　(2) 内部監査責任者は、各業務の環境影響及び前回までの監査結果を勘案して「内部環境監査計画書」を作成する。計画書には、監査基準、監査範囲、監査日程、監査対象部門、監査員などを明示して、環境管理責任者の承認を

得る。
　(3) 内部監査責任者は、定期的な監査だけでは環境マネジメントシステムの継続的な改善が不十分と判断した場合は、別途臨時監査を実施する。
　(4) 削除
2. 監査チームの編成、監査の準備
　(1) 内部監査責任者は、「内部監査員リスト」から監査チームリーダー及び監査員を選任し、監査チームを編成する。尚、監査チームリーダー及び監査員は、被監査部署に所属していない者とする。
　(2) 監査チームリーダーは、前回までの監査結果などを考慮し、監査の目的、範囲に沿った「内部監査チェックリスト」を準備する。
3. 監査の実施
　(1) 内部監査は、「内部環境監査計画書」に従い、監査チームリーダーの責任と権限のもとに実行する。
　(2) 監査チームは、あらかじめ作成したチェックリストを利用して監査を実行し、その結果をチェックリストに記入する。
　(3) 監査終了後、内部監査責任者は、次の判断基準のより不適合の評価を行う。
　(a) 下記の項目が発見された場合、重大不適合とする。
① 著しい環境影響があるにかかわらず、環境側面として抽出されていない場合
② 環境関連法規制が順守されておらず、何も対応がとられていない場合。
③ 定められた手順が達成されておらず、環境マネジメントシステムが機能していない場合
　(b) 上記以外の不適合を軽微不適合とする。
　(c) 不適合と判断できないが、放置すると不適合になり得る事象は、推奨事項（提案を含む）とする。
　(1) 監査チームは上記（3）項の評価終了後、監査結果を被監査部署の長及びその関係者に説明し、指摘事項について相互に内容の確認をする。
4. 監査結果の報告及び是正処置
　(1) 監査チームリーダーは、被監査部署との指摘事項の確認が終了後、「内部監査実施報告書」に記入し、内部監査責任者に提出し、承認を得る。
　(2) チームリーダーは、「内部監査実施報告書」に不適合、推奨事項が記載されている場合、不適合事項の領域に責任を持つ部門の長に対して「是正処置要求書／回答書」を発行する。

(3)「是正処置要求書／回答書」を受け取った部門の長は、不適合、推奨事項の原因を調査し、特定し、不適合事項に対する是正処置内容を「是正処置要求書／回答書」に記入し、内部監査責任者に提出する。

(4) 内部監査責任者は、是正処置の内容を確認し、他の部署への予防処置も必要と判断した場合は、4.5.3 の 5. に従って該当する部門の長に予防処置を実施させる。

(5) 内部監査責任者は、不適合を指摘した監査チームリーダーに是正処置の効果の確認を指示する。監査チームリーダーは、是正処置の効果の確認を行い、その評価結果を「是正処置要求書／回答書」に記入し、内部監査責任者の承認を得る。

(7) 内部監査責任者は、是正処置の効果が不十分と評価された場合、当該の部門の長に再度「是正処置要求書／回答書」を発行し、是正処置の指示を行う。

(8) 内部監査責任者は、不適合が重大な場合、是正処置実施後、必要に応じてフォローアップのための臨時監査を行う。

(9) 内部監査責任者は、内部監査の結果に関する情報を環境管理責任者に伝達する。環境管理責任者は理事長に報告し、マネジメントレビューの際の一つの資料として用いる。

5. 関連文書・記録
・内部環境監査計画書（様式 455-1）
・内部環境監査実施報告書（様式 455-2）
・是正処置／回答書（455-3）

4.6 マネジメントレビュー（management review）

トップマネジメントは、組織の環境マネジメントシステムが、引き続き適切で、妥当で、かつ、有効であることを確実にするために、あらかじめ定められた間隔で環境マネジメントシステムをレビューすること。レビューは、環境方針、並びに環境目的及び目標を含む環境マネジメントの改善の機会及び変更の必要性を含むこと。マネジメントレビューの記録は、保持されること。Top management shall review the organization's environmental management system, at planned intervals, to ensure its continuing suitability, adequacy and effectiveness. Reviews shall include assessing opportunities for improvement and the need for changes to the environmental management system, including the environmental policy and environmental objectives and targets. Records of the management reviews shall be retained.

マネジメントレビューへのインプットは、次の事項を含むこと。

　a）内部監査の結果、法的要求事項及び組織が同意するその他の要求事項の順守評価の結果

　b）苦情を含む外部の利害関係者からのコミュニケーション

　c）組織の環境パフォーマンス

　d）目的及び目標が達成されている程度

　e）是正処置及び予防処置の状況

　f）前回までのマネジメントレビューの結果に対するフォローアップ

　g）環境側面に関係した法的及びその他の要求事項の進展を含む、変化している周囲の状況

　h）改善のための提案

Input to management reviews shall include

　a）results of internal audits and evaluations of compliance with legal requirements and with other requirements to which the organization subscribes,

　b）communication(s) from external interested parties, including complains

　c）the environmental performance of the organization,

　d）the extent to which objectives and targets have been met,

　e）status of corrective and preventive action

　f）follow-up actions from previous management reviews,

　g）changing circumstance, including developments in legal and other requirements related to its environmental aspects, and

　h）recommendations for improvements.

マネジメントレビューからのアウトプットには、継続的改善へのコミットメントと首尾一貫させて、環境方針、目的、目標及びその他の環境マネジメントシステムの要素へ加え得る変更に関係する、あらゆる決定及び処置を含む。

The output from management reviews shall include any decisions and actions related to possible changes to environmental policy, objectives, targets and other elements of the environmental management system, consistent with the commitment to continual improvement.

（解説）
① レビューの間隔は、定められていることが必要である。
② レビューは、「システムの継続する適切性、妥当性、有効性を確実にする」といえる内容であることが必要である。
③ レビューには規格が定めた八つのインプット以外に、システムの継続する適切性、妥当性、有効性を確実にする組織が定めた項目を含めてもよい。
④ レビューは、組織が定めた期間内（一般的には1年間）に、全てのインプット、アウトプットを網羅する必要がある。一定期間内に複数回実施する場合は、毎回すべてのインプット項目を網羅する必要はない。
⑤ マネジメントレビューでは、環境方針、目的及び目標、環境マネジメントシステムのその他の要求変更の必要性を評価しなければならない。
⑥ マネジメントレビューの記録として、「レビューのための情報（インプット）」及び「レビューの結果（アウトプット）」を記載したものが必要である。
⑦ 「インプット」は、トップマネジメントが組織のEMSについて適切に評価できるための最小限の情報である。したがって、a)～h)の情報は、トップマネジメントが評価できるに十分なものでなければならない。
⑧ 「環境パフォーマンス」には少なくとも「4.5.1　監視及び測定」で対象としている環境パフォーマンスを含む必要がある。
⑨ 「法的及びその他の要求事項の進展を含む、変化している周囲の状況」とは、法規制の改正状況、新規の要求事項、環境関連技術動向等が含まれる。
⑩ 「改善のための提案」には、インプットa)～g)をふまえたEMSの改善提案及び、製品、プロセスの改善提案が含まれる。
⑪ 「アウトプット」は、組織のEMSの適切性、妥当性、有効性についてのトップマネジメントとしての、経営観点にたった評価である。したがって、「インプット」のみに基づいて評価する必要はない。もちろんトップマネジメントは自ら得た内外の情報に基づいて評価してよい。
⑫ 「アウトプット」の記載には、「環境方針、目的、目標及びその他の環境

マネジメントシステムの要素へ加え得る変更の必要性」に関するものが含まれる必要がある。
⑬ 「アウトプット」の記載は、トップマネジメントによる記述にこだわる必要はないが、トップマネジメントの判断に基づくものであることが必要である（そのことが分かるものであること）。
⑭ マネジメントレビューの結果、トップマネジメントからの指示事項は、フォローアップされなければならない。

（大学の例）
4.6　マネジメントレビュー
1.　マネジメントレビューの頻度
　（1）理事長は、年1回原則として3月に、本学の環境マネジメントシステムが、引き続き適切で、妥当で、かつ有効であることを確実にするためのレビューを行う。レビューは、環境方針、並びに環境目的・目標を含む環境マネジメントシステムの改善の機会及び変更の必要性の評価を含んで実施する。
　（2）理事長は、レビューの必要があると判断した場合、随時レビューを行う。
2.　マネジメントレビューの手順
　（1）環境管理責任者は、マネジメントレビューに必要な情報を確実に収集する。インプット情報として以下の資料や記録を用いる。
　（a）内部監査並びに外部監査の結果
　（b）法的要求事項及び本学が同意するその他の要求事項の順守評価の結果
　（c）苦情を含む外部の利害関係者からのコミュニケーション
　（d）本学の環境パフォーマンス
　（e）目的及び目標が達成されている程度
　（f）是正処置及び予防処置の状況
　（g）前回までのマネジメントレビューレビューの結果に対するフォローアップ
　（h）環境側面に関係した法的及びその他の要求事項の進展を含む、変化している周囲の状況
　（i）改善のための提案
　（2）環境管理責任者は、マネジメントレビューに必要な情報を環境管理委

員会で報告する。
　(3) マネジメントレビューからのアウトプットには、継続的改善へのコミットメントに整合させて、環境方針、環境目的・目標、及びその他の環境マネジメントシステムの要素へ加えられる変更に関係するあらゆる決定及び処置を含む。
　(4) 環境管理責任者は、マネジメントレビューを記録し、保持する。
3. 改善の指示
　(1) 改善の指示を受けた環境管理責任者は対象部門に改善の指示を行う。指示事項については、環境管理委員会でフォローアップする。
4. 関連文書・記録
・マネジメントレビュー記録（様式 460）

第3節　様式集

＊様式は第3章第3節の後に示す。

第3章

大学における ISO14001 の認証取得の現状と課題

第1節　大学のエネルギー削減ツールとしての ISO14001

2010年3月に施行された改正省エネ法、各都道府県で進んでいる温暖化対策の報告書制度、東京都の排出量取引制度等では当然のことながら学校法人はその対象になっている。特に理系学部や研究施設を持つ大学はその省エネ対策などの環境対策が大きな課題である。2008年度の東京都内の業務施設での CO_2 排出量の1位は東京大学が挙げられていることはよく知られている（ちなみに2位以下は、日本空港ビルディング、サンシャインシティ、六本木ヒルズ森タワー、恵比寿ガーデンプレイス）。つまり、CO_2 排出量削減を声高に叫ぶ大学自体の省エネが喫緊の課題といっても過言ではないだろう。神戸山手大学では2010年2月に全学でISO14001を認証取得したが、キックオフを行った2009年9月から3月までの平均で前年度の9月から3月までの平均に対して2.9％電気使用量削減を達成した。つまりISO14001は大学にとってもエネルギー削減の大きなツールになることが証明されたといえる。

第2節　大学の ISO14001 認証取得の現状

現在、大学全体、学部、研究所等でISO14001を認証取得している数は45大学（51組織）である。大学数と組織数が一致しない理由は、同一大学でも複数学部が別々に認証取得している場合などがあるからである（信州大学や熊本大学が典型例）。毎年行われる外部審査機関による審査をサーベイランス審査、3年に1回行われる包括的審査を更新審査というが、更新審査が2回未満である2005年以降に認証取得した大学は17大学（22組織）ある。ま

た更新審査2回の以上を受審した2004年以前に認証取得した大学は28大学で（29組織）ある。これらの大学にアンケートを送付した。返答のあったのは2005年以降の認証取得大学では14大学（14組織）であり、2004年以前では15大学（15組織）であった。これらの結果を分析した。ここで2005年以降とそれ以前に区別したのは、2004年12月末にJISQ14001が改訂され、新版になったことが一つ。もう一つの理由は、ISO14001の普及が一般に三つのフェーズに分類されていることによる。フェーズ1（揺籃期：1996〜2000年）、フェーズⅡ（拡大期2001〜2004年）、フェーズⅢ（展開期：2005年以降）に分けられるが、大学のISO14001の認証取得に関しては揺籃期に取得した大学が3大学しかないので、大学における普及は上記分類では、フェーズⅠとフェーズⅡに分類することが妥当と考えられるからである。

エネルギーに関する内容を含む質問項目とその結果を次の順で示す。（2004年以前の認証取得大学の回答数、全体に占める％）（2005年以降の認証取得大学の回答数、全体に占める％）。またグラフでもその結果を縦軸に％、横軸に質問ナンバーで示す。

Q3. ISO14001に取り組むことになった理由は何ですか。（該当に○、二つ以内）

A1. 学生の環境教育に利用するため（9.35%）（5.21%）

A2. 大学の環境保全に役立つから（8.31%）（6.25%）

A3. 大学の使用エネルギー削減に役立つから（1.4%）（4.17%）

A4. 大学の対外的PRに利用できるから（7.27%）（5.21%）

A5. その他（1.4%）（4.17%）

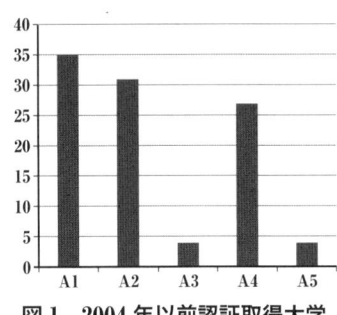

図1　2004年以前認証取得大学 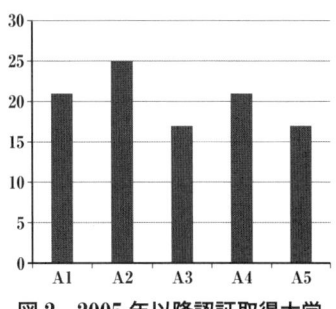　　**図2　2005年以降認証取得大学**

第 3 部　環境マネジメントシステム ISO14001

Q7. これまで EMS を運用した結果のメリットは何ですか。（三つまで〇可）
A1. 教員と事務職員のエネルギー使用量や紙使用量が減った。(8.27％)(9.28％)
A2. 教員と事務職員にグリーン購入が浸透した。(2.7％)(1.3％)
A3. 学生に対する環境教育の時間が取れるようになった。(5.17％)(6.19％)
A4. 学生がゴミの分別やごみ減量を自発的に行うようになった。(8.27％)(6.19％)
A5. 最後に退出する学生が電源を切り無人教室で照明やエアコンの使用がなくなった。(3.10％)(5.16％)
A6. 環境系の公開講座が開かれるようになり、一般人の環境意識の向上に寄与できた。(3.10％)(3.9％)
A7. その他 (1.3％)(2.6％)

図 3　2004 年以前認証取得大学

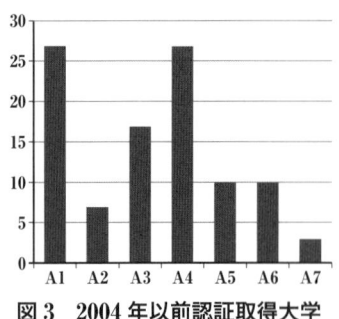

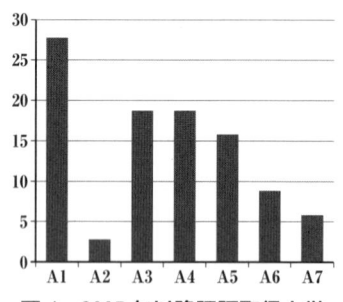

図 4　2005 年以降認証取得大学

Q8. 貴大学の EMS 運用の問題点をあげてください。（三つまで〇可）
A1. 紙・ゴミ・電気の削減が限界に達してしまい更なる減少が進まない。(7.26％)(4.17％)
A2. 有益な環境側面（環境教育の推進や地域貢献など）が限界に達して進まない。(0.0％)(1.4％)
A3. 新たな環境目的・目標の設定がうかばない。(3.11％)(4.17％)
A4. EMS はトップダウン形式であるので環境系以外の教員への浸透が難

しい。(3.11%)(6.26%)
A5. 学生を取り込んで運営したいが、学生を育てる時間的余裕がない。(8.30%)(2.9%)
A6. 経営面からEMSのための人員や資金が削られている。(2.7%)(1.4%)
A7. 審査費用が重荷になっている。(3.11%)(4.17%)
A8. その他（1.4%）(1.4%)

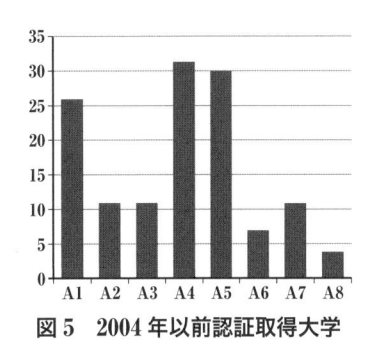

図5　2004年以前認証取得大学

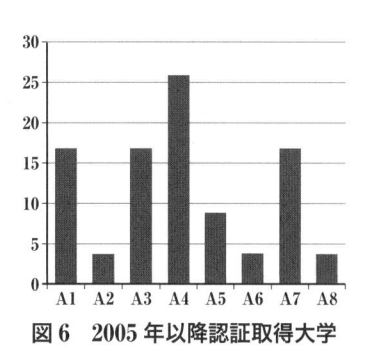

図6　2005年以降認証取得大学

Q5. 実際に活動してPDCAサイクルを回している主体は誰ですか。(複数○可)
A1. 学生（2.8%）(7.23%)
A2. 事務職員（12.50%）(12.39%)
A3. 教員（9.38%）(11.35%)
A4. 外部委託している組織（コンサルタントを含む）(1.4%)(1.3%)

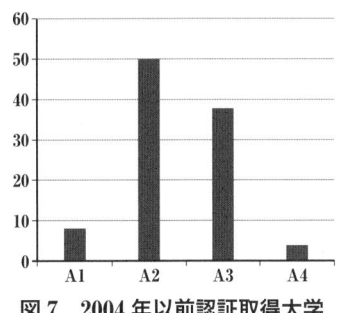

図7　2004年以前認証取得大学

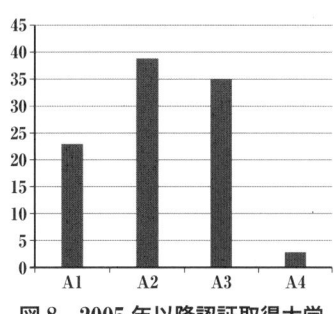

図8　2005年以降認証取得大学

Q3より、2005年以降に認証取得した大学がEMSを導入した動機は、ほぼ四つあることが分かる。つまり、環境教育への利用、大学の環境保全、大学の使用エネルギー削減、大学の対外的PRである。しかし、2004年以前に認証取得した大学では、図1のA3のグラフの値が低いことより大学のエネルギー削減についてはあまり期待していなかったことがよくわかる。しかしEMS導入で最も効果があったのは、Q7より、2005年以降に取得した大学、2004年以前に取得した大学共に（図3、4共に）A1の値が最も高いことより、エネルギー使用量の削減である。

さらにQ8では図5、6共にA1の値が高い値を示していることより、問題点としてエネルギー使用削減も経年により限界に達して進みにくいことを示唆している。一般的には紙・ゴミ・電気の三つの削減は3年で限界に達するといわれる。

図5、6のA1の値を比較すると、図5のA1の値がより大きい事より、2004年以前の取得大学の方が2005年以降の比較的新しい取得大学よりもエネルギー削減の壁に直面していることが窺える。

ところでQ8における回答で興味ある違いが生じている。EMS運用の問題点の1位が2005年以降取得の大学と2004年以前の大学で異なっていることである。これはエネルギー問題とは異なるが、2005年以降取得の大学の問題点の1位は図6のA4である「EMSはトップダウン形式であるので環境系以外の教員への浸透が難しい」であるのに対して、2004年以前の大学では図5のA5である「学生を取り込んで運営したいが、学生を育てる時間的余裕がない」となっている点である。この理由は、Q5に対する回答の違いをみれば理解できよう。すなわち、2004年以前の取得大学は、図7でA1の値が低い。つまりPDCAサイクルを回す学生の割合が低いのに対して、2005年以降の取得大学ではA1の値が比較的高い。要するに2005年以降の取得大学ではPDCAサイクルに学生を巻き込んで運用している割合が大きいわけである。たとえば、神戸山手大学では授業科目「環境マネジメント」や「環境マネジメント実習」を履修している学生に昼休みに講義室やトイレを巡回させ照明やエアコンのスイッチを消す作業を行わせている。また、内部環境監査も学生に行わせている。これらの学生の努力はその科目の成績に反映させるシステムになっている。そしてこれらの科目を履修し合格した者

には「内部環境監査員資格」を大学が与える工夫をしている（この資格に関しては、兵庫県内の企業約1000社に郵送で知らせ周知徹底を図ることを行っている）。2005年以降に取得した大学にヒヤリングした結果では、神戸山手大学と同様な大学独自の資格を与えている大学が多いことが判明している。

また、2005年以降取得の大学の問題点の１位である「EMSはトップダウン形式であるので環境系以外の教員への浸透が難しい」に関してヒヤリングした結果、ISO14001の活動をトップダウンで訴えても、民間企業と異なり教授の権限が強いので、大学教員の中には全く無関心、非協力な者がおり協力をあおげないとのことであった。これに対して2004年以前の認証取得大学では、長年の間に非協力な教員にもISO活動が徐々に浸透したか、非協力な教員への協力要請をあきらめて運用しているかのどちらかである。

次にQ6で「今年度の主目標を三つあげその成果をお聞かせ下さい」という自由記述の質問項目を設けたが、その中のエネルギー関係の記述をあげる。

● 2005年以降取得大学

①エネルギー使用量を2005年度エネルギー消費原単位に比較して4％削減（目標）→ 9.4％減を達成した（成果）
②温室効果ガスの過去3年間の排出量の平均の1％削減（目標）→ 10％削減（成果）：集中暖房方式（重油）から個別空調等に変更したことによる。
③エネルギー使用量の増加を防ぐ（目標）→ 7％減で達成（成果）
④電気使用量を昨年比1％削減（目標）→ 1％減で達成（成果）：省エネ型エアコンへの取り換えによる。
⑤電気・ガス使用量を2007年度（基準年）実績に対し2％削減（目標）→ 達成（成果）⑥電気使用量1％削減（目標）→ 達成（成果）照明器具のLED化等による。
⑦紙・水道・電気使用量の現状維持管理（目標）→ 集計中（成果）
⑧電気使用量について前年度を下回る（目標）→ 未達成（成果）
⑨コピー印刷用紙の購入量1％減（目標）→ 8.1％減（成果）
⑩廃棄物排出量を10％減（目標）→ 34％減（成果）

● 2004年以前取得大学
①電気使用量昨年比3%削減（目標）→集計中（成果）
②太陽光発電の維持管理を行う（目標）→実践している（成果）
③電力使用量年間総量を2003年度実績に抑える（目標）→2003年度実績比98%（成果）
④エネルギー使用量を2006年度に対して3%削減（目標）→未確定（成果）
⑤電気、水、OA紙等の資源使用量の現状維持（目標）→概ね達成（成果）
⑥エネルギー使用量の対2006年比で3%削減（目標）→4%削減（達成）
⑦電気使用量について前年度比で1%削減を目指す（目標）→集計中（成果）
（3大学が同じ目標、成果を回答した。）

エネルギー以外代表的な目標は、次のようなものである。
①環境教育の推進　②キャンパス内、外のクリーンデイの増加　③学生の内部環境監査員資格取得者増加　④公開講座の開催の増加　⑤環境関連科目の充実　⑥環境に関する教育・研究の推進・発信・公開　⑦グリーン購入の推進（私学）　⑧環境フォーラムの開催　⑨地域高校や団体と連携し、環境教育やエコプロジェクトを行う。⑩エコツアーを5回以上実施

第3節　まとめ

2004年以前取得、2005年以降取得に関らず、Q7において回答の1位が図3と4のA1「エネルギー使用量や紙使用量が減った」であること、Q6の目標にエネルギー削減が書かれ、ほとんどが達成されていることから、ISO14001の導入により確実にエネルギー使用量は削減できることが明白になった。2004年以前の認証取得大学においても、少なくともエネルギー使用量の維持管理は実行されている。これは経年によってエネルギー使用量減少幅は縮小するが、維持管理項目として増加させないことは可能であることを示している。

またISOを認証取得していれば、省エネ型器具（LEDなど）の導入予算獲得の理由がつきやすいという回答もあった。

大学の場合、毎年、総人数や新築などによる建築物の床面積が変化する。したがって学生・教員・事務員の省エネの努力を図る指標としては、1人当

たりの床面積当たりの電気使用量の比較が有効であると考えられる。

今回のアンケートには理系のみの大学もあった。したがって理系、文系を問わずISO14001の認証取得はエネルギー使用削減の有力なツールになるということが今回のアンケートで明らかになった。

【主要参考文献】

国内で読むことができる主要単行本を示す。
環境編『環境白書』。
東京商工会議所編著『eco検定公式テキスト』日本能率協会マネジメントセンター。
井上尚之（2002）『科学技術の発達と環境問題（2訂版）』東京書籍。
湯浅赳夫（1993）『環境と文明——環境経済論への道』新評論。
大場英樹（1979）『環境問題と世界史』公害対策技術同友会。
村上陽一郎（1983）『ペスト大流行』（岩波新書　黄版225）岩波書店。
安田喜憲（1995）『森と文明の物語』（ちくま新書074）筑摩書房。
安田喜憲（1997）『森を守る文明　支配する文明』（PHP新書029）PHP研究所。
K. V. ヴェーバー著・野田倬訳（1996）『アッティカの大気汚染——古代ギリシャ・ローマの環境破壊』鳥影社。
砂田一郎（1999）『新版現代アメリカ政治——20世紀後半の政治社会変動』芦書房。
林田学（1995）『PL法新時代』（中公新書1248）中央公論新社。
三井俊紘他（1995）『PLの知識』（日経文庫714）日本経済新聞出版社。
久保文明他編（1999）『現代アメリカ政治の変容』勁草書房。
諏訪雄三（1996）『アメリカは環境に優しいのか』新評論。
岡島成行（1990）『アメリカ環境保護法』（岩波新書）岩波書店。
クライブ・ポンティング著・石弘之他訳（1994）『緑の世界史』朝日新聞社。
ポール・ブルックス著・上遠恵子訳（2004）『レイチェル・カーソン』新潮社。
岡島成行（1990）『アメリカの環境保護運動』（岩波新書　新赤版142）岩波書店。
レイチェル・カーソン・青葉築一訳（2001）『沈黙の春』新潮社。
ロバート・クラーク・工藤秀明訳（1994）『エコロジーの誕生——エレン・スワローの生涯』新評論。
金子勉（2005）『オルデン・バーグ——17世紀科学・情報革命の演出者』（中公叢書）中央公論新社。
西嶋洋一他（2005）『2004年版対応ISO14001規格のここがわからない』日科技連出版社。
松下電器産業株式会社松下ホームアプライアンス社（2006）『2004年版対応ISO14001すぐに使える中小企業の環境ISO実例』日科技連出版社。
内藤壽夫他（2005）『2004年版対応ISO14001規格要求事項の解説』日科技連出版社。

【様式集】

環境影響評価表 NO.1
平成 22 年 3 月 31 日作成（様式 431 第 3 版）　　承認：　　作成：井上

環境側面		環境影響									リスク評価			環境情報評価				著しい環境側面	目的・目標評価				環境方針と整合
負荷項目（定常時）	発生源	大気汚染	水質汚染	土壌汚染	騒音影響	振動影響	悪臭	地球温暖化	生活環境悪化	廃棄物増加	天然資源枯渇	発生可能性 a	結果重大性 b	a+b	法規制	その他要求	利害関係者意見	事業上要求	運用上要求		改善の容易性	経済性	合計	ランク	
投入	電力	エアコン							○		○	3	2	5					○	○	5	5	10	A	○
		照明							○		○	3	2	5					○	○	5	5	10	A	○
		パソコン							○		○	3	1	4											
		コピー							○		○	3	1	4											
	紙	コピー									○	3	2	5					○	○	3	4	7	A	○
		印刷									○	3	2	5					○	○	3	4	7	A	○
		帳票・書類									○	2	1	3											
	水	トイレ									○														
		生活用水									○														
	トナーインク	コピー印刷機									○	3	1	4											
	事務品	文房具類									○	3	1	4											

環境影響評価表 NO.2
平成 22 年 3 月 31 日作成（様式 431 第 3 版）　　承認：　　作成：井上

環境側面		環境影響									リスク評価			環境情報評価				著しい環境側面	目的・目標評価				環境方針との整合
負荷項目（定常時）	発生源	大気汚染	水質汚染	土壌汚染	騒音影響	振動影響	悪臭	地球温暖化	生活環境悪化	廃棄物増加	天然資源枯渇	発生可能性 a	結果重大性 b	a+b	法規制	その他要求	利害関係者意見	事業上要求	運用上要求		改善の容易性	経済性	合計	ランク	
排出	排水	トイレ生活用水	○									3	1	4											
	一般廃棄物	紙類容器包装類									○	3	1	4											
	産業廃棄物	イベント廃材、什器等									○	2	2	4	○				○		4	4	8	A	○
	産山	学生の内部監査員																○	○		5	5	10	A	○

222

第3章 【様式集】

環境影響評価表 NO.3　平成22年3月31日作成(様式431第3版)　承認：　　　作成：井上

環境側面		環境影響									リスク評価		環境情報評価				著しい環境側面	目的・目標評価				環境方針との整合
負荷項目(有益)	発生源	大気汚染	水質汚染	土壌汚染	騒音影響	振動影響	悪臭	地球温暖化	生活環境悪化	廃棄物増加	天然資源枯渇	発生可能性 a	結果重大性 b	a+b	法規制	その他要求	利害関係者意見	事業上要求	運用上要求		改善の容易性	経済性	合計	ランク	
有益	環境教育																○	○		○	4	3	7	A	○
	学生内部監査員の育成活動																○	○		○	5	5	10	A	○
	地域貢献																○	○		○	5	5	10	A	○
	グリーン購入										○							○		○	5	5	10	A	○
	分煙の徹底																○	○	○	○	3	4	7	A	○

環境影響評価表 NO.4　平成22年3月31日作成(様式431第3版)　承認：　　　作成：井上

環境側面		環境影響										リスク評価			環境情報評価					著しい環境側面	目的・目標評価				環境方針との整合
負荷項目(有益)	発生源	大気汚染	水質汚染	土壌汚染	騒音影響	振動影響	悪臭	地球温暖化	生活環境悪化	廃棄物増加	天然資源枯渇	発生可能性 a	結果重大性 b	a+b	法規制	その他要求	利害関係者意見	事業上要求	運用上要求		改善の容易性	経済性	合計	ランク	
有益	研究論文及び出版物	(注：紀要に関しては図書学術委員会で維持管理する。)	○										1	3	4							3	3	6	B	

環境影響評価表 NO.5　平成22年3月31日作成(様式431第3版)　承認：　　　作成：井上

環境側面		環境影響										リスク評価			環境情報評価					著しい環境側面	目的・目標評価				環境方針との整合
負荷項目(非常時)(火災時)	発生源	大気汚染	水質汚染	土壌汚染	騒音影響	振動影響	悪臭	地球温暖化	生活環境悪化	廃棄物増加	天然資源枯渇	発生可能性 a	結果重大性 b	a+b	法規制	その他要求	利害関係者意見	事業上要求	運用上要求		改善の容易性	経済性	合計	ランク	
排出	排煙	喫煙所校舎	○										1	3	4			○			○	4	3		A	
	廃棄物	PCB廃棄物			○								1	3	4						○	4	3		A	

223

第3部　環境マネジメントシステム ISO14001　　【様式集】

法的及びその他の要求事項一覧表／評価表　　承認：　　　　作成：井上
平成22年3月31日作成　（様式432 第4版）

環境影響	適用法令等	要求内容	規制物質	該当の可否
全般	環境基本法	事業者の責務（第8条） ・事業活動を行うにあたっては、これに伴って生ずる煤煙、汚水、廃棄物等の処理でその他の公害を防止し、又は自然環境を適正に保全するために必要な措置を講ずる処置を講ずる。 ・事業活動に関し、これに伴う環境への負荷の低減その他環境の保全に自ら努めると共に、国または地方公共団体が実施する環境保全に関する施策に協力する責務を有する。	全般	責務として該当(所管部門：総務課)
		定期的な順守評価確認(年月日)：(平成22年3月31日) 内容を最新化し、順守評価を行った結果、不順守なし。		
廃棄物	循環型社会形成推進基本法	基本原則 ・廃棄物は①発生抑制②再使用③再生利用④熱回収⑤適正処分の順に実施（第5条～7条）。 事業者の責務 ・基本原則により、原材料などが事業活動からの廃棄物となることを抑制し、循環資源となったものは自ら循環的な利用を行う。 ・事業活動に際しては、再生品を利用する等、循環型社会の形成に自ら努める。国、地方公共団体の循環型社会の形成に関する施策に協力する。	廃棄物	責務として該当(所管部門：総務課)
		定期的な順守評価確認(年月日)：(平成22年3月31日) 内容を最新化し、順守評価を行った結果、不順守なし。		
廃棄物	廃棄物の処理及び清掃に関する法律	事業者の責務（第3条） ・事業者は、その産業廃棄物が運搬される間、以下の技術上の技術上の基準に従い保管する。 ・産業廃棄物が飛散、流出、地下浸透しないようにする。 ・騒音、振動又は悪臭等により生活環境の保全に支障が生じないよう必要な措置をとる。 ・産業廃棄物は保管施設による。 ・保管、積み替えの場所は周囲に囲いを設け、掲示版を設ける。 ・保管場所に掲示版（60cm×60cm）。 ①産業廃棄物の保管場所か積み替え保管か処分保管かの表示。 ②廃棄物の種類。 ③最大積み上げ高さ（屋外で容器使用しない場合）。 ・産業廃棄物を他人に委託する場合は、運搬、処分は許可を受けた者に委託すること。 マニフェスト管理 ・産業廃棄物を生じる事業者は、引き渡しと同時に運搬を受託した者に対し、産業廃棄物の種類ごと、運搬先ごと、管理表に産廃の種類、受託者氏名または名称、最終処分などを記載し、交付する。 ・運搬受託者は、運搬が終了した時は10日以内に、受託者の氏名または名称、担当者名、年月日を記載し管理票交付者に管理表の写しを送付すること（B2票）。 ・処分受託者は、処分を終了したときは、受託者の氏名又は名称、担当者名、年月日、最終処分地を記載し、10日以内に、管理票交付者に管理票の写しを送付する（D票、最終処分の場合はE票も合わせて）。 ・処分受託者は、中間処理産業廃棄物の最終処分が終了した旨が記載された管理票の写しの送付を受けたとき	産業廃棄物廃プラ 金属ゴミ 混合	該当 産業廃棄物置き場 (所管部門：総務課)

【様式集】

法的及びその他の要求事項一覧表／評価表
平成 22 年 3 月 31 日作成　（様式 432 第 4 版）　　承認：　　　　作成：井上

環境影響	適用法令等	要求内容	規制物質	該当の可否
廃棄物	廃棄物の処理及び清掃に関する法律	は、交付された管理票又は回付された管理票に最終処分が終了した旨を記載し10日以内に管理票交付者に送付すること（E票）。 ・下記の場合は、運搬、処分の状況を把握し、必要な措置を講ずると共に30日以内に知事に報告書を提出すること。 ①管理票送付後、管理票（B2、D票）の写しが90日（特別管理産業廃棄物の場合は60日）以内に、運搬業者及び処分受託者から送付がないとき。 ② 180日以内に最終処分終了の管理票（E票）の写しの送付がないとき。 ③虚偽の記載がある管理票の写しの送付を受けたとき。 ・排出事業者、運搬受託者、処分受託者は、管理票又はその写しを5年間保管する。 ・管理票交付者は、事業場ごとに毎年6月30日までに前年度の交付状況を知事に提出すること（産業廃棄物委託基準）。 ・委託契約は書面にて行い、収集運搬業者及び処分業者と別々に二者契約をおこなうこと。 ・契約①（収集運搬契約）：廃棄物の運搬先を明記。 ・契約②（処分契約）：廃棄物の最終埋め立て先を明記。 ・委託契約書には収集運搬業者、処分業者の許可書の写しを添付。 （例）廃棄物排出地（排出事業者）が A 県にあり、B 県と C 県を通過して、D 県が廃棄物処分地（処分業者）であるとき、収集運搬業の許可は A 県と D 県のものが必要。処分業の許可は D 県のものが必要。	産業廃棄物廃プラ金属ゴミ混合	該当 産業廃棄物置き場 （所管部門：総務課）
		定期的な順守評価確認（年月日）：（平成22年3月31日） 内容を最新化し、順守評価を行った結果、不順守なし。		
廃棄物	家電リサイクル法	特定家庭用機器（ユニット型エアコン（建物と独立している物全て）、ブラウン管・液晶・プラズマ式テレビ、冷蔵庫（冷凍庫）、洗濯機（乾燥機）を排出する事業者。 ・廃棄物として排出する場合は、運搬する者などに適切に引き渡し、料金の支払いに応じる。 ・小売業者は排出者に対して、製造業者等又は指定法人に引き渡すための収集、運搬に関する料金を請求できる（収集運搬料金とリサイクル料金は別）。	左記の家電	テレビ、冷蔵庫などに該当品あり（所管部門：総務課）
		定期的な順守評価確認（年月日）：（平成22年3月31日） 内容を最新化し、順守評価を行った結果、不順守なし。		
廃棄物	パソコン回収省令	・事業系パソコンは産業廃棄物として排出時に排出者が再資源化に必要な対価を支払う。	パソコン	該当 （所管部門：総務課）
		定期的な順守評価確認（年月日）：（平成22年3月31日） 内容を最新化し、順守評価を行った結果、不順守なし。		
廃棄物	フロン回収破壊法	・CFC、HCFC、HFC をフロン類といい、フロン類が充填されている業務用エアコン等を第1種特定製品といい、これらの廃棄者及び譲渡者 ・第1種特定製品の廃棄等を行う者は、第1種フロン類回収業者にその製品のフロン類を引き渡すこと。この時「回収依頼書」を交付する。 ・第1種特定製品を整備しようとする者において製品に充填されているフロン類を回収する必要がある時は回収作業を第1種フロン類回収業者に委託すること。	フロン	現在のところ該当しない （所管部門：総務課）
		定期的な順守評価確認（年月日）：（平成22年3月31日）		

225

第3部 環境マネジメントシステム ISO14001

法的及びその他の要求事項一覧表／評価表　　　　　承認：　　　　　作成：井上
平成22年3月31日作成　（様式432 第4版）

環境影響	適用法令等	要求内容	規制物質	該当の可否
購入物	グリーン購入法	内容を最新化し、順守評価を行った結果、不順守なし。 ・事業者はできる限り環境物品等を選択するように努める。 ・環境物品等の調達を総合的かつ計画的に推進するため特定調達品目及び判断基準を定める（19分類、246品目）。 ・紙類・文具類・オフィス家具類・OA機器・移動電話・エアコン等・温水等・照明・自動車等・消火器・制服、作業服・インテリア、寝装寝具・作業手袋・その他繊維製品・設備（太陽光発電等）・防災備蓄用品・公共工事・役務（省エネ診断他）ここで示された物品名、判断基準は事業社のグリーン購入に際しても参考になる。	購入品	努力義務 （所管部門：総務課）
		定期的な順守評価確認（年月日）：（平成22年3月31日）内容を最新化し、順守評価を行った結果、不順守なし。		
火災	消防法	（第8条）防火管理者の選任（第8条） ・学校の権原を有する者は、防火管理者を定め、防火計画の策定、消防計画に基づく消火・通報・避難訓練の実施、消防の用に要する設備、消防用水又は消防活動上必要な設備の点検及び整備、火気の使用又は取扱いに関する監督消防用水又は消火活動上必要な施設の点検及び整備、火気の使用又は取扱いに関する監督、避難又は防火上必要な構造及び設備の維持管理並びに収容人員の管理その他防火管理上必要な業務を行なわせなければならない。 ・前項の権原を有する者は、同項の規定により防火管理者を定めたときは、遅滞なくその旨を所轄消防長又は消防署長に届け出なければならない。これを解任したときも、同様とする。		該当 （所管部門：総務課）
		定期的な順守評価確認（年月日）（平成22年3月31日）内容を最新化し、順守評価を行った結果、不順守なし。		
火災	消防法施行令	防火管理者の責務（第4条） ・防火管理者は、防火管理上必要な業務を行う時は、必要に応じて当該防火対象物の管理について権原を有する者の指示を求め、誠実にその職務を遂行しなければならない。 ・防火管理者は、消防の用に供する設備、消防用水若しくは消火活動上必要な施設の点検及び整備又は下記の使用もしくは取扱いに関する監督を行う時は、火元責任者その他の防火管理の業務に従事する者に対し、必要な指示を与えなければならない。 ・防火管理者は、総務省令で定めるところにより、防火管理に係る消防計画を作成し、これに基づいて消火、通報及び避難の訓練を定期的に実施しなければならない。 防火対象物の指定（第6条） ・法第十七条　第一項の政令で定める防火対象物は、別表第一に掲げる防火対象物とする。 第十七条　学校、病院、工場、事業場、興行場、百貨店、旅館、飲食店、地下街、複合用途防火対象物その他の防火対象物で政令で定めるものの関係者は、政令で定める消防の用に供する設備、消防用水及び消火活動上必要な施設（以下「消防用設備等」という。）		該当 （所管部門：総務課）

【様式集】

法的及びその他の要求事項一覧表／評価表
平成 22 年 3 月 31 日作成　（様式 432 第 4 版）　　　承認：　　　　　作成：井上

環境影響	適用法令等	要求内容	規制物質	該当の可否
火災	消防法施行令	について消火、避難その他の消防の活動のために必要とされる性能を有するように、政令で定める技術上の基準に従って、設置し、及び維持しなければならない。		該当 （所管部門：総務課）
		定期的な順守評価確認(年月日)：(平成 22 年 3 月 31 日)内容を最新化し、順守評価を行った結果、不順守なし。		
火災	消防法施行規則	消防計画（第 3 条） ・防火管理者は、防火対象物の位置、構造及び設備の状況並びにその使用状況に応じ、当該防火対象物の管理について権原を有する者の指示を受けて防火管理に係る消防計画を作成し、届出書によりその旨を所轄消防長又は消防署長に届け出なければならない。防火管理に係る消防計画を変更するときも、同様とする。		該当 （所管部門：総務課）
		定期的な順守評価確認(年月日)：(平成 22 年 3 月 31 日)内容を最新化し、順守評価を行った結果、不順守なし。		
教育	環境の保全のための意欲の増進及び環境教育の推進に関する法律（環境教育推進法）	・民間団体は、環境保全活動及び環境教育を自ら進んで行うように努めると共に、他の者が行う環境保全活動及び環境教育に協力するように努める（法 4 条）。 ・民間団体、事業者はその雇用する者の環境保全に関する知識や技能を向上させるように努める（法 10 条）。		責務として該当（所管部門：教務課）
		定期的な順守評価確認(年月日)：(平成 22 年 3 月 31 日)内容を最新化し、順守評価を行った結果、不順守なし。		
教育	環境配慮促進法	・(事業者の責務) 事業活動に関し、環境情報の提供を行うように努め、他の事業者に対する投資などはその事業者の環境情報を勘案して行うように努める（法 4 条）。 ・(事業活動に係る環境配慮等の状況の公表) 環境報告書には次のような内容を記載する。 ①環境配慮の方針やそれに基づく目標、計画、その達成状況。 ②環境マネジメントシステムの状況や環境規制の順守状況。 ③事業活動によって生ずる環境負荷を示す数値と負荷低減のための取り組み状況。 ④環境への負荷の低減に資する製品等。		責務として該当（所管部門：総務課）
		定期的な順守評価確認(年月日)：(平成 22 年 3 月 31 日)内容を最新化し、順守評価を行った結果、不順守なし。		
省エネ	改正省エネ法	経済産業局への届け出（法 7 条） ・本学は右欄に示す数値以下のエネルギー使用量であるので届け出義務はない。 ・しかし、エネルギー使用の合理化に努める努力義務はある（法 4 条）。	1500kL/年、600 万 kWh/年以上	非該当
		定期的な順守評価確認（年月日）：(平成 22 年 3 月 31 日)上記項目について調査の結果、非該当を確認。		
省エネ	地球温暖化対策推進法	事業所所管大臣（文部科学大臣）への届け出（令 5） ・本学はこの法律でいう「特定排出者」（改正省エネ法の届け出義務のある事業所）に相当しないので、温室効果ガス算出排出量の届け出義務はない。 ・しかし、事業活動に関し、温室効果ガス排出抑制などの措置を講じるように努め、同時に国、地方公共団体の実施する施策に協力する責務はある。	1500kL/年、600 万 kWh/年以上	非該当

227

第 3 部　環境マネジメントシステム ISO14001

法的及びその他の要求事項一覧表／評価表　　　　　　　　承認：　　　　　　作成：井上　　平成 22 年 3 月 31 日作成　（様式 432 第 4 版）				
環境影響	適用法令等	要求内容	規制物質	該当の可否
		定期的な順守評価確認（年月日）：（平成 22 年 3 月 31 日）上記項目について調査の結果、非該当を確認。		
教育	環境の保全と創造に関する兵庫県条例	環境に関する学習の推進（9 条） ・事業者及び県民は、環境についての理解を深めると共に、環境の保全と創造に関する活動を行う意欲を増進するため、自ら環境についての学習に主体的に取り組むと共に、工場等及び家庭において、環境についての教育を行うように努めなければならない。		該当 （所管部門：総務課）
		定期的な順守評価確認（年月日）：（平成 22 年 3 月 31 日）内容を最新化し、順守評価を行った結果、不順守なし。		
廃棄物	神戸市廃棄物の適正処理、再利用及び美化に関する条例	廃棄物減量等計画書（30 条） ・指定建築物（3000m² 以上）の所有者は、当該指定建築物から生ずる廃棄物の再利用等による減量及び適正な処理に関する計画（「廃棄物減量等計画」）を当該指定建築物の占有者の協力を得て作成し、市長に提出しなければならない。 ・指定建築物の所有者は、当該指定建築物の占有者に前項の規定により作成した減量等計画を順守させなければならない。	廃棄物 ・生ゴミ ・粗大ゴミ資源物 ・紙 ・缶 ・ビン ・ペットボトル	該当 （所管部門：総務課）
		定期的な順守評価確認（年月日）：（平成 22 年 3 月 31 日）。内容を最新化し、順守評価を行った結果、不順守なし。		
廃棄物	ポリ塩化ビフェニル廃棄物の適正な処理の推進に関する特別措置法（PCB 特別措置法）	事業者の責務（第 3 条） ・事業者はそのポリ塩化ビフェニル廃棄物を自らの責任において確実かつ適正に処理しなければならない保管等の届け出（第 8 条） ・毎年度、都道府県に保管量を届け出なければならない。期間内の処分（第 10 条） ・政令で定める期間に処分するかまたは処分を委託しなければならない。施行令（平成 13 年 6 月 22 日）によると、期間は法の施行日から起算して 15 年とする。（平成 28 年 6 月 22 まで）譲渡し及び譲り受けの制限 ・何人もポリ塩化ビフェニル廃棄物を譲渡し、又譲り受けてはならない。	ポリ塩化ビフェニル廃棄物（PCB 廃棄物）	該当 （所管部門：総務課）
		定期的な順守評価確認（年月日）：（平成 22 年 3 月 31 日）。内容を最新化し、順守評価を行った結果、不順守なし。		
その他要求事項		調査の結果なし。		非該当
		定期的な順守評価確認（年月日）（平成 22 年 3 月 31 日）。調査の結果、その他要求事項はないことを確認。		

【様式集】

目的・目標一覧表（様式 433-1 初版）
平成 22 年 4 月 8 日　承認：　作成：井上

環境目的	2009 年度目標	2010 年度目標	2011 年度目標
電力使用量削減	9月以降、前年同月比において少なくとも3％削減。『照明・空調機器省エネ手順書』による。	前年同月比1％削減。『照明・空調機器省エネ手順書』による。	前年同月比1％削減。『照明・空調機器省エネ手順書』による。
環境教育	オープンキャンパス（5回）の来場者を前年比で3％増加。	オープンキャンパス（5回）の来場者を前年比で3％増加。	オープンキャンパス（5回）の来場者を前年比で3％増加。加えて公開講座で環境教育を行う。
学生内部環境監査員の育成	外部審査に学生内部環境監査員を同席させる。	学生内部監査員を本学EMS内部監査に参加させる。	学生内部監査員を本学EMS内部監査に参加させると共に外部組織の模擬内部監査に参加させる。
地域貢献	年度末までに学生による地域清掃を2回以上実施する。	学生による地域清掃を4回以上実施する。	学生による地域清掃を6回以上実施する。
コピー枚数の削減	データ収集。	目標値設定と運用基準策定。	
使用紙の削減	データ収集。	同左。	
グリーン購入の推進	データ収集。	データ収集。名刺の再生紙使用。	
分煙の徹底	喫煙場所の整備、禁煙場所での喫煙注意のため巡回する。	禁煙場所での喫煙注意のため巡回する。	

2010 年度環境目的・目標実施計画／報告書　NO.1（様式 433-2 第2版）
平成 22 年 4 月 8 日作成　承認：作成：井上

NO.	2010年度目標	達成のための手段	年間スケジュール	4 5 6 7 8 9 10 11 12 1 2 3	責任者
1	電力使用量削減：電力使用量を前年同月比において少なくとも1％削減。	空調機器の最新型への入れ替え『照明・空調機器省エネ手順書』の徹底。	計画	○ ○ ○ ○ ○ ○ ○ ○ ○ ○ ○ ○	実務担当教員
			実績	4月5.73％増、5月0.19％減、6月6.05％減、平均0.17減 7月5.56％減、8月6.60％減、9月6.02％減、平均6.1減 10月1.02％減、11月020％減、12月3.28％減、平均1.5減	
	環責所見	4〜6月4月の増加原因を調査してほしい。	7〜9月最新型の機器の効果が表れている。	10〜12月 エアコン使用が減ったので使用量の削減量が減少したと考えられる。	1〜3月	
2	環境教育：オープンキャンパス（OP）(5回)の来場者数を昨年に比べて少なくとも10％増加。	オープンキャンパス(OP)(5回)で環境イベントを3つ以上実施する。	計画	OP 2010年のオープンキャンパスは、7月1回、8月3回、9月1回実施。	実務担当教員
			実績	2008年：1340人、2009年：1820人、35.8％増 2009年：1820人、2010年：2001人、9.05％増	
	環責所見	4〜6月この期間は非該当。	7〜9月この期間は非該当。	10〜12月 10％増まであと21人であった。概ね目標はクリヤーしている。	1〜3月	

一部のみ掲載

229

第3部　環境マネジメントシステム ISO14001

2010 年度教育訓練計画書（様式 442 初版）作成 2010 年 4 月 8 日
承認：　　作成：井上

区分	教育訓練内容	対象者	講師	時期
自覚教育	①環境方針	新入生 （オリエンテーション時）	実務担当教員	4 月
	② ISO14001：2004 規格の概要及び環境マニュアルの内容	教職員 （ISO 教育レターによる）	実務担当教員	4 月～3 月
教育訓練のニーズ	①内部環境監査	学生 「環境マネジメント」 「環境マネジメント実習」 履修者	実務担当教員	4 月～1 月
	②手順書	該当者	実務担当教員	4 月
	③産業廃棄物管理	総務担当者	実務担当教員	10 月

著しい環境影響の原因となる可能性を持つ業務を行う者の力量

著しい環境影響の原因となる可能性を持つ業務	力量があることの要件	力量があることの認定者
内部環境監査	「環境マネジメント」及び「環境マネジメント実習を履修して合格した者	担当教員
産業廃棄物管理	マニフェスト管理等の実務能力を持つ者	実務担当教員

2010 年度教育訓練計画書（様式 442 初版）作成 2010 年 4 月 8 日
教育訓練実施記録（様式 442-1 初版）承認：　　作成：

発行日	
教育区分	
テーマ	
実施日時	
場所	
責任者	指導者：
教育訓練概要	
受講者氏名	
備考	

【様式集】

環境情報記録（様式443 初版）

<table>
<tr><td rowspan="7">受付</td><td rowspan="2">区分</td><td>情報源</td><td colspan="2">□行政 □受験生 □近隣 □学内 □その他（　　　　）</td></tr>
<tr><td>内容</td><td colspan="2">□苦情 □提案 □情報提供 □賞賛 □その他（　　　　）</td></tr>
<tr><td colspan="2">日時</td><td>方法</td><td>□電話　□書類
□来学　□その他（　　　）</td></tr>
<tr><td colspan="2">発信者</td><td colspan="2"></td></tr>
<tr><td colspan="2">受付者</td><td colspan="2"></td></tr>
<tr><td colspan="2">内容</td><td colspan="2"></td></tr>
<tr><td colspan="2">回答</td><td colspan="2"></td></tr>
</table>

<table>
<tr><td rowspan="5">処置</td><td>回答／情報公開内容</td><td></td></tr>
<tr><td>回答／公開日時</td><td></td></tr>
<tr><td>回答／公開先</td><td></td></tr>
<tr><td>回答／公開方法</td><td>□訪問　□書類　□電話　□その他（　）</td></tr>
<tr><td>備考</td><td></td></tr>
</table>

回答者	理事長	環境管理責任者	回答（案）作成者

文書配布台帳（様式445）　　　承認：　　　　作成：井上

<table>
<tr><td rowspan="2">環境マニュアル
（照明・省エネ機器省
エネ手順書記録一覧
表含む）</td><td colspan="7">配布者名</td><td colspan="3"></td><td colspan="2">配布日</td></tr>
<tr><td>理事長</td><td>学長</td><td>環責</td><td>事務局長</td><td>総務課長</td><td>A氏</td><td>B氏</td><td>井上</td><td>受付</td><td></td><td colspan="2"></td></tr>
<tr><td>初版</td><td>○</td><td>○</td><td>○</td><td>○</td><td>○</td><td>○</td><td></td><td>○</td><td>○</td><td></td><td colspan="2">○印全員 2009 年 9 月 1 日</td></tr>
<tr><td>2版</td><td>○</td><td>○</td><td>○</td><td>○</td><td>○</td><td>○</td><td></td><td>○</td><td>○</td><td></td><td colspan="2">○印全員 2009 年 11 月 16 日</td></tr>
<tr><td>3版</td><td>○</td><td>○</td><td>○</td><td>○</td><td>○</td><td>○</td><td></td><td>○</td><td>○</td><td></td><td colspan="2">○印全員 2009 年 12 月 3 日</td></tr>
<tr><td>4版</td><td>○</td><td>○</td><td>○</td><td>○</td><td>○</td><td>○</td><td></td><td>○</td><td>○</td><td></td><td colspan="2">○印全員 2010 年 4 月 10 日</td></tr>
</table>

第3部　環境マネジメントシステム ISO14001

内部文書・外部文書一覧（様式445-1　2版）　　承認：　　　作成：井上

	文書名	文書番号	最新版の版数 又は発行日	備考
内部文書	環境マニュアル	M-01	4版	
	照明・省エネ機器省エネ手順書	T-001	初版	
	緊急事態対応手順書	T-002	2010.4.8廃止	ISO管理外文書『危機対応マニュアル』に統合
	記録一覧表	H-001	4版	
外部文書	JISQ14001規格		2004.12.27	
	2009年版環境六法		2009.4.1	
	JMAQA 登録者遵守規則		18版 2010.5.6	
	JMAQA 品質及び環境マネジメントシステム審査登録システムガイド		6版 2010.5.6	

供給者文書配布一覧表（様式446初版）

担当部署	□教務　□学キャリ　□入試　□図書　□その他（　　　　　　　）	
配布企業名	配布文書名	配布年月日

【様式集】

緊急事態訓練記録（様式447　2版）　承認：　　作成：

訓練テーマ	
実施日	
時間		実施部門	
場所		参加人員	
訓練対象者	
訓練内容	
反省点	
手順の見直し、改訂の有無、改訂の概要	
コメント（　承認者：　　　　　）	

監視及び測定項目一覧表（様式451　2版）　　　承認：　　作成：井上

区分	管理対象	監視・測定項目	頻度	関連手順書	担当部門	記録名
目的・目標達成度	省エネ	電力使用量	月1回	照明・空調機器省エネ手順書	総務課実務担当教員	パソコン管理『電力使用量』
	省エネ	コピー使用枚数	月1回		総務課実務担当教員	『コピー枚数データ』
	省資源	紙使用量（購買量）	不定期		同上	パソコン管理
	分煙の徹底	喫煙所付近の巡視	週3回		実務担当教員等	『分煙巡回日誌』
法規制及び運用管理項目	法令順守	環境法、条例	各期		実務担当教員	
	研究論文及び出版物	研究論文及び出版物は図書学術委員会で管理				

233

第3部　環境マネジメントシステム ISO14001

不適合／是正・予防処置報告書（様式453　2版）

	項目	内容	作成者：	日付	
1	不適合区分 （顕在、潜在）	□環境方針、環境目的からの逸脱、目標の未達成。 □環境関連法規制及びその他の要求事項、自主基準からの外れ □利害関係者の要求事項からの外れ □本学が定める環境マニュアル、手順書などからの逸脱 □外部審査による指摘			
2	不適合の内容				
3	修正及び／又は緩和措置 （顕在の場合）				
4	原因調査				
5	是正処置 （顕在の場合）				
6	予防処置 （潜在の場合）	□要　□不要			
7	効果の確認	□有（文書名：　　　　　　　　　　）□無			
8	文書改訂		環境管理責任者	実務担当教員	

内部環境監査実施計画書（様式455-1　第3版）

承認：		作成：	
監査実施日：		被監査部門：	
監査基準：□ ISO14001規格　□環境マニュアル　□その他環境マネジメントシステム文書 □環境目的・目標　□法的その他の要求事項			
前回の監査結果：			

監査時間	監査チーム／監査項番

【様式集】

内部環境監査実施報告書(様式 455-2　第 2 版)

実施日	
被監査部門	
監査員名	監査リーダー:
	メンバー:
1. 監査結果	
(1) 評価できる点	
(2) 改善点(不適合、推奨内容の要約)	
2. 是正期限　　　　年　　　月　　　日	
日付　　　　年　　　月　　　日	監査リーダー
3 内部監査責任者コメント	
日付　　　　年　　　月　　　日	内部監査責任者

是正処置要求書/回答書(様式 455-3　2 版)

被監査部門		要求年月日	年　月　日
不適合件名		回答期限	年　月　日
所見(不適合)	監査証拠(発見された事実)		
監査基準	不適合区分　　重大　　軽微		
推奨事項			
監査員リーダー	被監査部門責任者		
修正/原因調査/是正処置回答(推奨事項への回答)			
被監査部門責任者	内部監査責任者		
効果の確認　□有　□無 理由:			
チームリーダー	内部監査責任者		
フォローアップ監査　□有　□無	環境管理責任者		

第 3 部　環境マネジメントシステム ISO14001

マネジメントレビュー記録（様式 460 初版）承認：　　　　　作成：

<table>
<tr><td colspan="2">期日</td><td></td><td>場所</td><td></td></tr>
<tr><td colspan="2">出席者</td><td colspan="3"></td></tr>
<tr><td colspan="2">項目</td><td colspan="3">内容（添付資料がある時はその要約）</td></tr>
<tr><td rowspan="9">インプット</td><td>1. 内部監査及び外部監査の結果</td><td colspan="3"></td></tr>
<tr><td>2. 法的及びその他要求事項の順守</td><td colspan="3"></td></tr>
<tr><td>3. ステークホルダーからのコミュニケーション</td><td colspan="3"></td></tr>
<tr><td>4. 環境パフォーマンス</td><td colspan="3"></td></tr>
<tr><td>5. 目的・目標達成度</td><td colspan="3"></td></tr>
<tr><td>6. 不適合、是正処置・予防処置</td><td colspan="3"></td></tr>
<tr><td>7. 前回のマネジメントレビューのフォローアップ</td><td colspan="3"></td></tr>
<tr><td>8. 変化している周囲の状況</td><td colspan="3"></td></tr>
<tr><td>9. 改善のための提案</td><td colspan="3"></td></tr>
<tr><td rowspan="4">アウトプット</td><td>1. 環境方針の改善</td><td colspan="3"></td></tr>
<tr><td>2. 目的・目標の改善</td><td colspan="3"></td></tr>
<tr><td>3. EMS の改善</td><td colspan="3"></td></tr>
<tr><td>4. その他の指示</td><td colspan="3"></td></tr>
</table>

照明・空調機器省エネ手順書	承認	作成	文書番号	制定日
		井上	T-001	2009.9.1 初版

1. 目的
この手順書は、大学 EMS における照明機器・空調機器における省エネに関して定めたものである。

2. 取組内容及び役割

①学生
(1) 環境管理委員会の教員から指名された内部環境監査員またはそれを目指すものは、昼休みに 3 号館の教室を巡回し、消灯及び空調機の電源が切られていることを確認する。電源が切られていない場合は電源を切る。これらはチェック表に記入する。

②教員
(1) 授業を実施するにあたっては、授業に支障をきたさない範囲において消灯に努める。
(2) 教員は授業終了後消灯を行う。
(3) 授業中に空調機器を使用する場合は、冷房時 28℃、暖房時 22℃を標準とする。
(4) 授業終了後は空調機器の電源を切る。
(5) 個人研究室においても研究などに支障をきたさない範囲で消灯に努める。
(6) 個人研究室においても空調機器を使用する場合は、冷房時 28℃、暖房時 22℃を標準とする。

③事務員
(1) 業務に支障が出ない限り、昼休みは消灯する。
(2) 空調機器を使用する場合は、冷房時 28℃、暖房時 22℃を標準とする。
(3) 最終退出者は電源を切る。
(1)、(2) の責任は各課の長またはそれに代わる者が負う。

【様式集】

記録一覧表 NO.1（文書番号 H-001）承認：　　作成：井上　制定：2010.4.8 第 4 版

ISO 要求事項	記録名称	様式 NO.	保管責任者（場所）	保管期間	備考
4.3.1 環境側面	環境影響評価表	431	実務担当教員	3 年	
4.3.2 法的及びその他の要求事項	法的及びその他の要求事項一覧表／評価表	432	実務担当教員	3 年	
4.3.3 目的、目標及び実施計画	目的・目標一覧表	433-1	実務担当教員	3 年	
	2009 年度環境目的・目標実施計画／報告書	433-2	実務担当教員	3 年	
4.4.1 資源、役割、責任及び権限					
4.4.2 力量、教育訓練及び自覚	2009年度教育訓練計画書（兼：著しい環境影響の原因となる可能性を持つ業務を行う者の力量）442		実務担当教員	3 年	
	教育訓練実施記録	442-1	実務担当教員	3 年	
4.4.3 コミュニケーション	環境情報記録	443	実務担当教員	3 年	
4.4.5 文書管理	文書配布台帳	445	実務担当教員	3 年	
	内部文書・外部文書一覧	445-1	実務担当教員	3 年	
4.4.6 運用管理	供給者文書配布一覧表	446	環境管理責任者	3 年	
	契約書・マニフェスト・許可書		総務管理	5 年	
4.4.7 緊急事態への準備及び対応	緊急事態訓練記録	447	実務担当教員	3 年	
	緊急事態報告書				
4.5.1 監視及び測定	監視及び測定項目一覧表	451	実務担当職員	3 年	
4.5.2 順守評価	法的及びその他の要求事項一覧表／評価表	432 第 2 版	実務担当教員	3 年	4.3.2 項と同じ
4.5.3. 不適合並びに是正処置及び予防処置	不適合／是正・予防処置報告書	453	実務担当教員	3 年	
4.5.4 記録の管理					
4.5.5 内部監査	内部環境監査計画書	455-1	実務担当教員	3 年	
	内部環境監査実施報告書	455-2			
	是正処置要求書／回答書	455-3			
4.6 マネジメントレビュー	マネジメントレビュー記録	460	実務担当教員	3 年	

237

【著者紹介】

井上 尚之（いのうえなおゆき）

大阪府生まれ。京都工芸繊維大学卒業。大阪府立大学大学院博士課程修了。博士（学術）、理学博士。
神戸山手大学現代社会学部環境文化学科専任教員。
関西学院大学・関西大学兼任講師。
環境経営学会理事。環境計量士。CEAR登録環境審査員。

〈専攻〉
環境マネジメント、環境科学技術史、環境科学教育等。

〈主要著書〉
『科学技術の発達と環境問題（2訂版）』（単著、東京書籍）
『ナイロン発明の衝撃——ナイロンが日本へ与えた影響』、『生命誌——メンデルからクローンへ』、『原子発見への道——ギリシャからドルトンへ』（以上全て単著、関西学院大学出版会）
『風呂で覚える化学』（単著、教学社）
『環境新時代と循環型社会』（共著、学文社）
『科学技術の歩み—— STS 的諸問題とその起源』（共著、建帛社）
『蒸気機関からエントロピーへ』（共訳、平凡社）など多数。

環境学
歴史・技術・マネジメント

2011年3月25日初版第一刷発行

編　著　井上尚之

発行者　宮原浩二郎
発行所　関西学院大学出版会
所在地　〒662-0891
　　　　兵庫県西宮市上ケ原一番町 1-155
電　話　0798-53-7002

印　刷　協和印刷株式会社

©2011 Naoyuki Inoue
Printed in Japan by Kwansei Gakuin University Press
ISBN 978-4-86283-077-7
乱丁・落丁本はお取り替えいたします。
本書の全部または一部を無断で複写・複製することを禁じます。
http://www.kwansei.ac.jp/press